U0801114

北方水果生产与贮运质量安全控制技术

李泽义　李明雷　葛武伟　白建伟　主编

中原农民出版社
· 郑州 ·

图书在版编目(CIP)数据

北方水果生产与贮运质量安全控制技术/李泽义等主编. —郑州:中原农民出版社,2015. 2
ISBN 978 - 7 - 5542 - 1155 - 7

Ⅰ. ①北… Ⅱ. ①李… Ⅲ. ①果树园艺 - 北方地区 ②水果 - 贮运 - 质量管理 - 安全管理 Ⅳ. ①S66 ②S609

中国版本图书馆 CIP 数据核字(2015)第 029746 号

出版社:中原农民出版社
(地址:郑州市经五路 66 号 电话:0371 - 65751257
邮政编码:450002)
发行单位:全国新华书店
承印单位:辉县市伟业印务有限公司
开本:710mm × 1010mm 1/16
印张:11. 5 **字数**:190 千字
版次:2015 年 5 月第 1 版 **印次**:2015 年 5 月第 1 次印刷

书号:ISBN 978 - 7 - 5542 - 1155 - 7 **定价**:25. 00 元
本书如有印装质量问题,由承印厂负责调换

《北方水果生产与贮运质量安全控制技术》编委会

主　编　李泽义　李明雷　葛武伟　白建伟

副主编（按姓氏笔画为序）

卫　星　马春姣　田　红　史俊华　仝丽丽
吕国娟　刘胜男　杨雪萍　杨超群　李艳珍
沈　拉　张妙霞　张建国　尚光贞　易　卿
岳文英

编　者（按姓氏笔画为序）

卫　星　马春姣　王艳萍　田　红　史俊华
白建伟　仝丽丽　吕国娟　刘　品　刘建玉
刘胜男　齐社兵　杨如阁　杨雪萍　杨超群
李应康　李明雷　李泽义　李艳珍　沈　拉
张文娜　张妙霞　张国庆　张建国　尚光贞
易　卿　岳文英　赵下雨　葛武伟

前　言

民以食为天，食以安为先，农产品是食品的源头，其质量安全已成为社会广泛关注的焦点和热点问题。党中央、国务院一直高度重视，习近平总书记在2014年的中央农村工作会议上强调，能不能在食品安全上给老百姓一个满意的交代，是对我们执政能力的重大考验。食品安全源头在农产品，基础在农业，必须正本清源，首先把农产品质量抓好。要用最严谨的标准、最严格的监管、最严厉的处罚、最严肃的问责，确保广大人民群众"舌尖上的安全"。食品安全，首先是"产"出来的，要把住生产环境安全关，治地治水，净化农产品产地环境，切断污染物进入农田的链条；食品安全，也是"管"出来的，要形成覆盖从农田到餐桌全过程的监管制度，建立更为严格的食品安全监管责任制和责任追究制度，使权力和责任紧密挂钩。

随着我国工业化、城镇化的迅速发展，农户群体快速分化，形成了以种养专业大户、家庭农场、农民合作社、产业化龙头企业、社会服务组织为代表的新型农业生产经营组织和新型职业农民。新型职业农民是家庭经营的基础，合作组织的骨干、社会化服务组织的中坚力量，是直接的生产经营者。培育新型职业农民，确保能有相当一部分高素质农民留在农村以农业为职业，是破解今后"谁来种地""如何种好地"难题的制度性变革。要大力培育新型农业经营主体与构建新型农业经营体系，落实生产经营主体责任，从源头上保障好质量安全，解决好"产出来"的问题。

当今，农产品已经进入品牌化时代。无公害农产品、绿色食品、有机食品和地理标志农产品是政府主导的安全优质农产品公共品牌。在严格无公害农产品、绿色食品、有机食品和地理标志农产品认证标准的基础上，提高准入门槛，做到"稍有不合，坚决不批"。强化证后监管，加大抽检力度，严厉查处不合格产品、不规范用标产品以及假冒产品，严格退出机制，做到"发现问题，坚决出局"，解决好"管出来"的问题。

农产品质量安全检测工作，是农产品质量安全监管工作的重要组成部分，贯穿农产品质量安全管理工作的全过程，无论是农产品质量认证、安全评价、农业依法行政、市场准入和监管等，都离不开检测。检测是农产品质量安全监管的主要载体，只有搞好检验检测，才能掌握和了解农产品质量安全状况，才能对农产品实行从“农田”到“餐桌”的全程质量安全控制和管理。

为了适应农产品质量安全生产、运输、贮藏和农产品质量安全认证、质量安全检测的新要求，我们编写了此套系列丛书。该丛书实用性强，既可供从事农产品质量安全相关工作的科研以及有关大专院校师生参考，也是新型农业生产经营组织和新型职业农民以及从事农产品质量安全监管工作者的重要指导书。

谨向给予本丛书编写工作提供帮助和支持的所有个人和单位表示衷心感谢。

由于编者知识水平有限，加之时间仓促，掌握的技术资料和信息量有限，错漏之处难免，恳请读者和有暇翻阅本丛书的专家批评指正。

编　者

2014 年 8 月 20 日于郑州

目　录

第一章　北方水果主要品种及分布状况

一般来说，果树是指能生产人类食用的果实、种子及能作为砧木利用的木本或多年生草本植物的总称。根据栽培情况，分为栽培果树和野生果树两大类。但随着人们对自然资源的不断开发利用，越来越多的野生果树转变为栽培果树。

我国果树栽培历史悠久，在古书《诗经》中，已有关于栽培果树和野生果树的记载。我国是世界 8 个栽培植物原产中心之一，果树种质资源极其丰富。我国领土辽阔，跨寒、温、热三带，自然条件优越，果树众多。我国劳动人民历经千百年的努力，在各种不同气候条件、立地条件下，长期精心培育，创造出不少优良与抗逆性强的果树品种、品系。据初步统计，现在，我国栽培的和野生的重要果树种类有 58 科、500 多种，其中作为商品性生产的约占 5%。世界各国栽培的主要果树，很多原产于我国，由我国传出，成为各国的主要或次要果树，或作为育种种质资源加以利用。早在 2000 多年以前，原产于我国西北的桃和杏，已经通过历史上著名的“丝绸之路”传入伊朗；此后，又由伊朗传至欧洲各国。这条“丝绸之路”成为当时我国和欧洲之间果树种质资源相互传播的重要通道。

尽管我国具有悠久的果树栽培历史，但长期以来，果树生产发展缓慢。新中国成立初期，我国果树栽培总面积 $6.844 \times 10^5 hm^2$，产量仅 $2.443 \times 10^5 t$。直到 20 世纪 80 年代，随着改革开放和社会主义市场经济的发展，我国果树生产得到了前所未有的突破性发展，从 1993 年开始，我国水果总产量跃居世界第一位，在世界上占有举足轻重的地位。截至 2012 年，全国果树栽培总面积 $1.197 \times 10^7 hm^2$，总产量 $1.51 \times 10^8 t$，栽培面积和产量均居世界首位。现在，我国苹果、梨、桃、李、柿、核桃、板栗、枣等产量均居世界首位，柑橘、香蕉、菠萝、葡萄和猕猴桃产量位居世界前五位。本书将只对北方水果的生产及其质量安全做一简要介绍。

第一节　主要树种品种

一、苹果

苹果是世界“四大水果”（葡萄、柑橘、香蕉、苹果）之一，也是我国北方主要栽培的落叶果树。目前，我国是世界上苹果栽培面积最大、产量最多的国家，而且，苹果在我国果树生产中也占有十分重要的地位，其面积和产量也位居各种栽培果树之首。

苹果优良品种很多，按成熟期大致可分为早熟、中熟和晚熟品种。

（一）早熟品种

1. 藤木一号

美国品种。果实圆形或长圆形，果个较大；底色黄绿，着鲜红色，果面洁净，光亮美观；果肉松脆，多汁，可溶性固形物含量 11%，风味酸甜，有香味，品质上等。

该品种树势强壮，萌芽力强，成枝率中等，腋花芽较多，以短果枝结果为主；一般定植 3 年即可结果，早果性和丰产性均好，作为早熟品种可适量发展。

2. 美国八号

郑州果树研究所 1984 年从美国引入。果实近圆形，平均单果重 180g，最大单果重可达 300g。果面光洁无锈，底色乳黄，着鲜红色霞；果肉黄白，肉质鲜脆，多汁，风味酸甜适口，香味浓，可溶性固形物含量 14%，品质上等；成熟期 8 月上旬。

该品种树势强，有腋花芽结果习性，早期丰产能力强。

3. K－12

郑州果树研究所从国外引进。果实近圆形，外观美，大果型，平均单果重 225g；果面底色绿黄，全面鲜红色，有光泽，果点较小；果肉乳白色，肉质细、松脆、汁多，酸甜适度，风味浓、有香气，可溶性固形物含量 13%，去皮硬度 8.7kg/cm^2，品质上等。果实 6 月底成熟，室温下可贮存 10～15 天。

该品种贮藏性极好，基本上无采前落果现象，是目前早熟品种综合性状较好的新品系，比藤木一号早 1 周左右成熟，果个、颜色明显优于藤木一号，可作为红色、大果型、早熟品种大力推广种植。

4. K－10

郑州果树研究所从国外引进。果实圆锥形，高桩，平均单果重 200g 以上；果面底色黄绿，全面淡红色，有条纹，有光泽，果点中多、明显，梗洼中深，萼片宿存、半开，萼洼深广；果肉淡黄色，肉质细、稍韧、汁多，酸甜适度，风味浓，有香气，可溶性固形物含量13%，去皮硬度11.21kg/cm^2，品质上等。

该品种树体紧凑，是目前早熟品种风味最浓、最耐贮存的新品系，品质极优，基本上无采前落果现象，货架寿命长，室温下可贮藏1个月以上。

5. 嘎富

由嘎拉与富士杂交培育而成。果实圆形至圆锥形，平均单果重200g左右；果面浓红色或浓褐红色；风味浓郁，品质优良；7月中下旬成熟。

该品种树势强壮，树姿半开张，结果早，丰产。

（二）中熟品种

1. 嘎拉及红色芽变系

新西兰品种，郑州果树研究所1982年引入。我国目前发展的多为嘎拉的红色芽变，俗称红嘎拉。

果实圆锥形或近圆形，平均单果重145g；底色橘黄，阳面有浅红色晕或红色清晰的条纹，果皮有光泽，外形美观；可溶性固形物含量15.8%，品质上等。

该品种坐果率高，早果性、丰产性和适应性均强。

2. 新红星及元帅系品种

是由元帅这一老品种变异而来的所有品种的统称。目前已经发现的元帅系芽变品种达120多个，栽培较多的元帅系品种主要有新红星、首红、艳红、超红、银红等。新红星是最早应用于生产的短枝型品种。果实中大，圆锥形，果型指数为1左右，平均单果重240g，果实全面浓红色；果实萼洼五棱明显突起；汁液较多，品质上等；9月中下旬成熟。

新红星及其芽变品种，树势强健，树冠矮小，树姿直立，短枝性状显著，结果早，丰产。其后选育出的品种在果实着色及成熟期方面略胜一筹，已成为当前元帅系发展的主栽品种。

3. 王林

果实长圆锥形，平均单果重200g左右；果皮黄绿色；果肉致密而脆，甜酸适度，香味浓，品质优良；9月下旬成熟。

该品种树姿直立，树冠紧凑，坐果率高，早期丰产。

4. 金冠和金矮生

金冠果实圆锥形，果个较大，平均单果重170～180g；果皮黄绿或绿黄色，贮藏后为金黄色，果面少光泽；易发生果锈，但通过套袋技术可以克服；风味酸甜适口，品质上等；9月下旬至10月上旬成熟；结果早，丰产，稳产。

金矮生为金冠的短枝型芽变，树冠紧凑，适宜密植，是元帅系短枝型品种的主要授粉品种。

（三）晚熟品种

1. 红富士及其优系

普通富士果实圆形或扁圆形，平均单果重250g左右，最大单果重300g以上；果面底色黄绿，阳面条红或片红；肉质细脆，汁液多，味甜有香味，品质上等；10月中下旬成熟。

红富士为富士的红色芽变，日本现已选出芽变品系100多个。适宜我国栽培的有长富2号、长富6号、秋富1号、2001富士等。烟台市通过对长富2号等品种进行选优，选出烟富1号至烟富6号，不仅着色早，果实色泽、外形及内在质量也优于原品种。短枝红富士是从普通红富士中选出的紧凑型芽变品种的统称，果实性状与普通富士基本相同，但容易早期结果、早期丰产。如日本的宫崎短枝、福岛短枝、山东的惠民短枝等，但这些品种普遍品质较差。红将军是从早生富士树上发现的着色系芽变，果个大、着色好、成熟早，但贮藏性稍差，是当前正在推广的优良品种。

2. 华冠

郑州果树研究所用金冠与富士杂交育成。果实圆锥形，平均单果重150g左右；底色绿黄，着鲜红色霞，在条件好的地区可全面着红色；肉质致密，脆而多汁，风味酸甜浓厚，可溶性固形物含量14%左右，品质上等。

华冠树势中庸，腋花芽结果能力强，坐果率高，丰产。具有优质、高产、耐贮、果实外观美的优点。果实在郑州9月中旬成熟，室温下贮藏至翌年4月肉质仍脆，风味尤佳。

（四）高酸苹果品种

1. 澳洲青苹

原产澳大利亚，因其果皮青绿，故称青苹，为世界著名的绿色品种，是澳大利亚、新西兰及欧美各国榨取高酸度浓缩苹果果汁的重要加工品种。果实长圆形或卵圆形，平均单果重170g左右；果皮光滑，绿色；肉质较粗，脆硬，含糖量中等，苹果酸含量9g/L；10月中下旬成熟，耐贮藏。

2. 邦扎

红玉实生种。果实中大，扁圆形，平均单果重150～200g；果面光亮，着红色条纹；果肉黄白色，硬脆，风味似红玉，酸甜适口，耐贮藏。树势壮旺，腋花芽比例高，早实性强，9月下旬成熟，稳产，极丰产。抗病性强，无红玉斑点病。

3. 瑞丹

法国品种。平均单果重100～120g；果面黄绿带条红，8月下旬至9月上旬成熟；耐贮运。早实，丰产性强，无大小年，树势中庸，树姿半下垂，抗病性强。出汁率高达70%～75%。果汁含糖量102～134g/L，制汁品质极佳。

4. 瑞林

法国新品种。平均单果重80～120g，果面绿色带条红，8月下旬可采收，耐贮运。早实，丰产，树势中庸，树姿半下垂，抗病性强。出汁率70%～75%。果汁含糖量102～134g/L，含酸量5～7g/L。

5. 格罗斯

德国品种。果个大，平均单果重230g，果实圆形，高桩，五棱突起；果面底色黄绿彩色浓红，果梗较短；果肉绿色，肉质松脆，汁液中多，酸味浓重，滴定酸含量0.71%，含糖量13%，出汁率71%；10月中旬成熟。

（五）新育成的优良品种

1. 华美

华美是郑州果树研究所以嘎拉为母本、华帅为父本杂交选育的中早熟品种。果实圆形，果实中等大，平均单果重195.2g；果面底色黄绿，全面着鲜红色，光滑、无锈，果粉少，果点中大、中密；果肉乳黄色，肉质细脆，汁液中多，硬度10.3kg/cm^2，可溶性固形物含量14.6%，酸甜适口，香味浓郁。

该品种树势生长强健，枝条粗壮，树姿半开张；幼树以中果枝结果为主，成龄树以短果枝和中果枝结果为主。在烟台地区8月中上旬成熟，对苹果枝干轮纹病和腐烂病抗性较强。

2. 华硕

美国八号与华冠杂交后代。果实近圆形，较大，平均单果重242g；果实底色绿黄，果面着鲜红色，着色面积达70%，个别果实可达全红；果面平滑，蜡质多，有光泽；无锈，果粉少；果点中稀，灰白色。果梗中长，梗洼深广；萼片宿存，直立，半开张；萼洼广、陡、中深，有不明显的突起。果肉绿白色；肉质中细，松脆，采收时果实去皮硬度10.1kg/cm^2；汁液中多，可溶性固形物含量12.8%，滴定酸含量0.31%，酸甜适口，风味浓郁，有芳香，品质上等。在郑州地区4月2～5日开花，8月上中旬成熟，果实发育期120～130天，室温下可贮藏15～20天，冷藏条件下可贮藏2个月。

该品种果实大、颜色鲜艳。与亲本美国八号相比，果个、颜色不亚于美国八号，但果实肉质比美国八号细，风味比美国八号浓，而且果实贮藏性优于美国八号；成熟期比美国八号晚10天左右，与嘎拉接近，但果个远比嘎拉大；在颜色鲜艳度上，嘎拉无法与之相比；果实品质不亚于嘎拉。可与嘎拉同期上市。

3. 皇家嘎拉

新西兰由嘎拉中选出的浓红型芽变品种。果实圆锥形，果个中等，平均单果重150～170g；果面光洁、无果锈，底色黄绿，果面条纹红；果肉黄白色，质脆，汁液多，风味酸甜，香气浓，品质上乘，可溶性固形物含量14.5%，果实硬度16.7kg/cm^2。

该品种树势生长强旺，易成花，连续结果力强，丰产性强。适应性广，苹果适生区均可栽培。

4. 红露

韩国新育成的中早熟品种，属短枝型品种。果实长圆锥形，平均单果重230g；果实底色黄绿，果面全面鲜红、光亮如打蜡，果皮较薄，果点圆形，小而稀；果肉黄白色，肉质较硬脆，果汁多，果心较小，可溶性固形物含量13%，酸甜爽口，风味佳。无采前落果，耐贮运，室温下存放25天品质不变，是贮藏性好的中早熟品种。

5. 夏丽

美国品种。露地成熟期比嘎拉和美国八号早熟10天左右。果实长圆形，高桩端正；平均单果重200g，最大单果重320g；全面鲜红，果面干净，极其漂亮；肉质清脆，含糖量高，风味纯正香甜。耐贮运，货架期达2个月之久。连年高产，无大小年。适应性强。

6. 2001富士

该品种是着色系富士全红色芽变品种，果实圆形或近圆形，果形端正，果个较大，平均单果重250～300g；果面光洁亮丽，蜡质多，果梗细长，果皮较薄，着浓红色，着色早，着色易，全红果率高；果肉致密硬脆，汁液多，甘甜适口，风味浓厚，品质极佳。该品种结果早，丰产性好，适应性强，果实品质好于长富2号，是一个比较优良的中晚熟苹果新品种。

7. 礼泉短富

从富士系中芽变选育而成的短枝型红富士苹果新品种。果实短圆锥形，个大，全面着片状鲜红色，条纹不明显，底色黄白色，光滑，有光泽，蜡质厚；果肉黄白色，肉质细、脆，汁多，酸甜适口，有香气，品质极上。

该品种树体矮小，树冠紧凑，短枝多，节间短，结果早，丰产、稳产。

二、梨

梨是我国重要的水果之一，多年来位居世界梨产量的首位，河北鸭梨、库尔勒香梨、安徽砀山酥梨等地方优良品种久负盛名，颇受消费者欢迎。我国梨栽培品种繁多，根据生物学特征和特性，主要分为秋子梨、白梨、砂梨和西洋梨四大系统。

（一）秋子梨系统

主要栽培品种有南果梨和京白梨，适宜于冷凉及较寒冷地区栽植，现主要分布于北京及其以北地区。

（二）白梨系统

1. 鸭梨

主要分布在河北、辽宁、山东、河南、江苏等省。果实大小中等，平均单果重150～200g；果梗部向一方隆起，形似鸭头；果实皮薄、肉细、汁多、味甜，品质上等。我国北方9月中下旬成熟，耐贮藏。适应性强，较抗寒，适宜沙壤土栽培。

2. 雪花梨

主要分布在河北平原产区。果实大，平均单果重200～375g；果皮绿黄色；果肉稍粗糙，肉脆，味甜、多汁、果心小，石细胞稍多，品质优良。9月中下旬成熟，耐贮运。适应性强，喜肥水，在平原沙地栽培产量高，品质好。

3. 库尔勒香梨

产于新疆南疆各地，是我国西北地区最优良的品种。果实小，平均单果重85g；皮薄，肉细多汁，有浓郁芳香，品质极上。9月上中旬成熟。适用性广，沙壤土、黏重土均能栽培。抗寒力较强，耐旱。

（三）砂梨系统

1. 绿宝石

系郑州果树研究所王宇霖教授用日本新世纪梨作为母本、我国早酥梨为父本杂交育成的早熟梨新品种。果实近圆形，平均单果重220g；果皮绿色至绿黄色，果点较大而密，套袋果果面绿黄色，果点小而稀，十分美观；果肉黄白色，肉质细嫩，富有香气，果心较大；果实可溶性固形物含量12%～15%，风味浓甜，品质极上。7月底至8月初成熟。较耐贮运，采后在自然条件下可贮存1个月。

幼树树姿直立，成龄树开张。树势强健，萌芽力高，成枝力低，幼树生长旺盛，高接后易成形。早果性与丰产性强，具有一定自花结实能力，三年生树成花株率达96%，每亩产量可达1 000kg以上。

2. 新世纪

日本冈山县用二十世纪与长郎杂交育成。果实扁圆形、整齐,果个较大,平均单果重250g;果皮青绿,充分成熟时转黄绿色,果点较二十世纪明显;果肉黄白色,肉质硬脆,味甜,可溶性固形物含量12%左右,酸味低。8月中旬成熟,常温下贮藏2周。

3. 丰水

日本品种,1972年用菊水与八云杂交育成,是目前日本主要栽培推广的优良品种。果实圆形略扁,平均单果重200~250g;果皮黄褐色,皮薄,果面粗糙,有棱沟,果点大而多,萼片脱落;果梗粗短,抗风;果肉白色,细嫩,特甜;采后果酥脆,贮后半溶质,含可溶性固形物含量12%~14.5%,品质极上;8月下旬成熟。抗黑斑病、轮纹病、黑星病,易患水心病、缩果病。

4. 黄金梨

韩国园艺实验场用新高与二十世纪杂交育成。果实近圆形或稍扁,平均单果重250g,最大单果重500g;不套袋果果皮黄绿色,贮藏后变成金黄色,套袋果果皮淡黄色,果面洁净,果点小而稀;果肉白色,肉质脆嫩,多汁,石细胞少,果心极小。9月中下旬成熟,果实发育期129天左右。较耐贮藏。

5. 七月酥

系郑州果树研究所用幸水与早酥梨杂交选育的极早熟优良新品种。果实椭圆形,平均单果重220g;果皮黄绿色,果面光滑洁净,果点小;果肉乳白色,肉质细嫩松脆,果心极小,无石细胞或极少,汁液丰富,风味甘甜微具香味。室温下可贮放20天左右,贮后色泽变黄,肉质稍软。

该品种树势强健,幼树生长旺盛,枝条直立分枝少。进入结果期后,短枝比例高,果台副梢抽生能力弱。结果早,一般栽后3年开花结果,大小年结果和采前落果现象不明显。

6. 幸水

日本用菊水与早生幸藏杂交育成,是日本"三水"(丰水、幸水、新水)梨中最优良者,日本的主要出口品种。

果实扁圆形,中等大小,平均单果重185g;果皮淡黄褐色,果面粗糙,果点突出;果心极小,果肉白色,肉质细嫩酥脆,稍贮后果肉较软,汁液多,风味极甜,香味浓,十分可口,石细胞少,品质极上。不耐贮运,室温下可贮放20天左右,果皮摩擦后极易变黑,影响美观,宜套袋栽培,生长高档商品果。

该品种生长势中庸偏弱,枝条细长开张,抽枝力弱,分枝少,花芽形成容易,坐果率高,易丰产。在郑州地区,8 月上旬成熟。

7. 红香酥

郑州果树研究所用库尔勒香梨与郑州鹅梨杂交育成。果实长卵圆形,大,平均单果重 220g;果皮底色绿黄色,果面 2/3 着鲜红色晕、光洁、蜡质较厚,果点中大而密,萼片残存,果实萼端突起;果心小,果肉淡绿白色,肉质酥脆较细,石细胞少,汁液多,风味香甜可口,品质极上。耐贮藏,常温下可贮 2 个月。

该品种树冠圆锥形,树姿较开张,生长势强旺,结果早,采前落果不明显,丰产、稳产。在郑州地区,9 月上中旬成熟。

(四)西洋梨系统

1. 红安久梨

美国品种。平均单果重 320g,最大单果重 508g;果皮红色,有光泽;后熟,果肉细软多汁,富香气。山东 9 月中下旬采收,经 10~15 天完成后熟。

树势强旺,适应性强,抗黑星病,早果,丰产。

2. 早红考蜜斯梨

美国品种。果实中大,平均单果重 330g,最大单果重 530g;果皮浓红色,有光泽;经后熟,果肉细软多汁,味甜,富香气。在山东泰安 9 月下旬采收,经 10~15 天完成后熟。

树势强旺,适用性强,抗黑星病,早果,丰产。

三、桃

桃原产于我国,是一种适应性强、种植地区遍及全球的果树,被称为世界六大水果之一,自 20 世纪 90 年代起,我国栽培桃及油桃的面积与产量始终处于世界首位。

我国桃栽培品种多达 800 个以上。根据桃的形态特征、生态习性、生物学特性及果实性状,分为北方、南方、黄肉、蟠桃和油桃 5 个品种群。按果实成熟期,分为极早熟、早熟、中熟和晚熟品种。

(一)极早熟品种

1. 早红珠油桃

由京玉与 A 369 杂交培育而成,果实近圆形,平均单果重 92~97g,最大果重 120g;果顶圆平或微凹,缝合线浅;果皮底色白,全面着鲜红色,有不明显斑纹,外观光洁艳丽;果肉白色,肉质细,硬度中等,风味浓甜,芳香浓郁,黏核,品质上等。果实发育期 62 天。耐贮运。

2. 曙光油桃

果实圆形或近圆形，平均单果重100g，最大单果重150g；果顶平，微凹，缝合线浅而明显；果皮光洁，底色浅黄，全面着鲜红或浓红色，皮易剥离；果肉黄色，肉质软溶，纤维中等，风味甜，香气浓郁，汁多，黏核，无裂果现象，品质极优。果实发育期60～65大。耐贮运。

3. 超红珠油桃

果实长圆形，整齐，平均单果重114～120g；外观鲜红亮丽；肉质细，硬度中等，风味浓甜，中香，可溶性固形物含量11%，半黏核。果实发育期55天。品质优，耐贮运。丰产，幼树结果早，是目前国内最早熟甜油桃品种之一。

4. 春艳

早熟白肉水蜜桃。果形圆整，果个较大，平均单果重110g，最大单果重210g；色泽鲜红，底色乳白娇嫩；果肉白色，质地细腻，香气浓，可溶性固形物含量12%～14%，黏核；果实发育期62天左右。

该品种树势旺盛，树体健壮，树姿较开张，成花容易，复花芽多，蔷薇型花，花粉量大，自花结实力强，结果早，丰产稳产，适合露地或保护地栽培，保护地栽培时注意增光促进着色。

5. 玫瑰露

早熟白肉水蜜桃。果实圆形，平均单果重140g，最大单果重205g。果皮底色淡绿色，全果着玫瑰色红晕，外观美丽；果肉白色，风味甜，有香气，可溶性固形物含量13%左右，黏核，一般不裂核。

该品种树势较强健，树姿半开张，以中长枝结果为主，花粉量大，坐果率高，丰产，适合露地或保护地栽培。

6. 白玉

有早熟桃王之称，郑州地区5月上中旬成熟；成熟早，果特大，平均单果重180g，最大单果重300g以上；色艳，味浓甜，全面浓红色，香气浓郁，甜脆爽口，肉质极硬，自然存放10天以上，耐贮运；抗性极强，成年树无流胶现象，全生育期几乎可以不用打药；适应性强，凡能种桃地区均表现良好，自花结实，丰产、稳产。

（二）早熟品种

1. 安农水蜜

果实椭圆或近圆形，平均单果重245g，最大单果重558g；果顶圆平，微凹，缝合线浅；果皮底色乳白色，微黄，易剥离，果面着艳丽红晕，果肉乳白色，阳面稍带淡红色；细软多汁，风味香甜适口，半离核，品质优。果实发育期65～68天。

2. 早凤王

果实近圆形，稍扁，平均单果重 300g，最大单果重 620g；果顶平，微凹，缝合线浅；果皮底色白，果面被粉红色条状红霞；果肉粉红色，近核处白色，不溶质，风味甜而硬脆，汁中多，半离核，耐运输，品质上，可鲜食加工。果实发育期 75 天。

3. 美国加州早甜桃

美国加州引入，属短低温特早熟甜桃新品种，需冷量 400 小时，常德地区 5 月中旬成熟，可留树至 6 月上旬，果实不落不软，是一个非常有发展潜力的特早熟桃品种。果实发育期 55 ~ 60 天，平均单果重 210g，最大单果重 300g，树势好的果个更大，在特早熟桃中绝无仅有。极易成花，自花坐果率高。头年栽苗，翌年结果，盛果期每亩产量可达 2 000kg 左右，极丰产，稳产、高效。

果肉属硬溶质，特硬，特耐贮运，采收后常温下可贮放 7 ~ 10 天，可根据市场行情早采 1 周，晚采 15 ~ 20 天亦不落不烂。果实长圆形或圆形；极易着色，即使在树膛内部也能全红；初熟时鲜红色，后期变成紫红色。果肉白色，完熟后肉质有红丝，含糖量 14.5%，口感脆、甜、爽，非常符合现代人的口味。

4. 春美（又名突围桃）

郑州果树研究所最新育成的蜜桃新品种。果实近圆形，平均单果重 156g，最大单果重 250g 以上；果皮底色乳白，成熟后整个果面着鲜红色，艳丽美观；果肉白色，肉质细，硬溶质，风味浓甜，可溶性固形物含量 12% ~ 14%，品质优，不需套袋即能达到套袋效果。核硬，不裂果。成熟后不易变软，耐贮运。

该品种果实发育期 70 天左右，郑州地区 5 月底至 6 月初成熟。

树势中等，树姿半开张，种植管理简单，高抗病虫，花粉多，自花结实不需配置授粉品种，产量高而稳定，可作为早熟主要栽培品种，适合全国各桃产区栽培。

5. 朝霞

日本大果硬肉全红型品种，该品种成熟后，树体内外均着色良好，品质优，不裂果，耐贮运，是一个优良的早熟品种。果实圆形，属大果型，平均单果重 280 ~ 350g；果全面鲜红，极美观；果肉雪白，硬溶质，口感好，浓甜香脆，可溶性固形物含量 17%，是早熟桃中最高的。耐贮运，货架期长，成熟后可留树半月以上，自然堆放 1 周不腐不烂。

郑州地区 6 月上旬成熟，自花结实，极丰产，四年生亩产可达 3 000kg 左右。抗旱耐涝，抗病性强，适应性强，在全国桃产区均可栽植。

6. 春雪

也叫超红圣桃，山东省果树研究所从美国白丽品种的自然杂交实生种中选育出的优良品种。其性状突出，果大，全面浓红，风味甘甜爽口，硬度大，早熟、丰产、耐储运，适于露地和保护地栽培，郑州地区5月底至6月初成熟，果实发育期70天左右。平均单果重165g，最大单果重255g，是早熟桃品种中果个极大的优良品种。果实圆形或近圆形，端正，缝合线明显，茸毛短而稀，两半对称。果皮全面浓红，内膛果也着全红色。底色白色，肉质硬脆，风味浓甜，含糖量13%左右，坐果率高，需严格疏花疏果。

7. 中油12号

郑州果树研究所以中油桃5号为母本、SD9238为父本杂交选育而成的早熟、优质、大果型白肉甜油桃品种。平均单果重126g，最大单果重180~220g；果形圆整，果顶微凹，缝合线中，两半较对称；果皮底色绿白，成熟后全面着鲜红色，艳丽美观；果肉白色，硬度中等，汁液多，可溶性固形物含量9%~11%，风味浓甜，品质上等；果核硬，黏核，无裂核现象。自花结实，极丰产。果实发育期58天左右，郑州地区5月初成熟，比曙光油桃早熟5天。

树势强健，树姿半开张。幼树生长旺盛，以中长果枝结果为主，进入盛果期后树势中庸，中油12号果实发育期短，病虫害发生较轻，不裂果，栽培上要加强肥水管理，成熟前1个月要控制氮肥或不施氮肥，增施磷、钾肥，控制土壤水分，减少浇水，以保持果实品质。

8. 朝辉

日本引进品种，属短低温早熟高糖大型桃新品种。果实平均单果重280g，最大单果重700g以上，是同期成熟的桃类最大品种；果实圆形，两半对称，大小整齐；果面着玫瑰红色；果肉雪白，特硬，香气浓郁，核小，可食率高，可溶性固形物含量16.8%左右，口感甜脆浓香。6月中旬成熟，可留树1个月，采收后常温下可贮放7~10天，可根据市场行情早采1周或晚采15~20天。

该品种自花结实，丰产，抗病力强，适应性强，不裂果，无采前落果现象。

（三）中熟品种

1. 太久保

果实不规则扁平形，平均单果重210g，最大单果重500g；果顶圆平，缝合线浅；果皮底色乳白，果面有红晕；易剥离，果肉乳白色，肉厚，硬溶质，致密，风味香甜，离核，品质上。果实发育期100天。

2. 秦王

中晚熟白肉水蜜桃。果实近圆形，缝合线较浅；果个特大，平均单果重265g，最大单果重650g；果皮底色呈白色，果面着玫瑰红色，外观漂亮；果肉白色，近核处微红色，果肉细密，纤维少，风味甜，黏核。

该品种树势健壮，树姿较开张，树冠形成快，花芽形成容易，中长果枝结果为主，复花芽多，花粉量大，自花结实力强，丰产、稳产。

3. 中华沙红

中早熟白肉水蜜桃。果实圆形，两半较对称，果顶平凹，缝合线明显；果个特大，平均单果重240g，最大单果重460g；果实成熟时果底为乳黄色，果面90%以上着玫瑰红色，茸毛短，果皮厚；肉质细密，硬溶质，味香气浓，可溶性固形物13.1%，黏核，耐贮运。

该品种含量树体健壮，树姿较直立，中长枝结果为主，花粉量小，幼树个别花朵无花粉，盛果期花芽充实饱满，能自花授粉，自然坐果率高，抗病虫能力强，适合露地或保护地栽培。

4. 皮球硬桃

四川成都地方品种，自花结实。果大、离核、味甜、肉脆、耐贮运，平均单果重320g左右，最大单果重800g，7月中下旬成熟。果实圆球形，缝合线浅，对称。成熟时果面60%着鲜红色，果面茸毛浅，果肉白色。含可溶性固形物含量15.6%，核小，可食率92%。由于其成熟时果肉特硬脆，像皮球一样极耐贮运，故名皮球硬桃，号称“天下第一桃”。

该品种树势中庸，树姿开张，成花易，丰产。密植园（3m×1m），定植第二年亩产可达600kg左右，第三年可达1 700kg左右，且抗病力强，抗黑星病、穿孔病，不裂果，无采前落果现象。

5. 金秋蜜桃

果实圆球形，果形端正，平均单果重280g，最大单果重500g；自花结实，成熟果实果面乳白色，均匀分布红晕；果肉雪白，肉质细嫩，味极甜、浓香，品质极上；半离核，核极脆，果皮硬度强，耐贮运。8月中下旬成熟。

该品种树姿半开张，树势强健，萌芽力、成枝力强，成形早，成花容易，长、中、短果枝均能结果；早果、丰产、稳产、晚熟，幼苗定植后第二年可试花挂果，第三年大量结果，适应性强，耐干旱，耐瘠薄，抗炭疽病、轮纹病、流胶病等。

（四）晚熟品种

1. 国光蜜

烟台地方品种，也称国光桃，9月上旬成熟。果实圆形，果面全红，平均单果重250g，味甜多汁，可溶性固形物含量16%～18%，耐贮运。生理落果较轻，无裂果现象，病害较轻，管理容易，但花粉少，需配授粉树。

2. 莱山蜜

1995年烟台市莱山区莱山镇西曲村发现的实生变异。该品种9月中旬成熟，果实大，近圆形，平均单果重200g以上。

3. 莱选一号

系莱州市果农于1986年在一桃园中发现的优株变异，1997年经正式鉴定，定名为莱选一号。8月下旬成熟，平均单果重339g，最大单果重780g；果面鲜红，果肉乳白，肉质细嫩，非溶质，味甜，可溶性固形物含量13%以上，离核。不裂果、耐贮运，但缺乏花粉，需配授粉树。

四、葡萄

葡萄是世界上最古老、栽培最广的一种果树，已有5 000～7 000年的栽培历史，面积和产量都居世界各种果品之首。我国在长期的生产实践过程中，培育和引进了数百个葡萄品种。建园时，要根据当地的气候条件、土壤类型、栽培管理水平和消费习惯，选用果粒大、穗形好、品质优、耐贮运、抗逆性强的高档优良品种作为生产品种。大面积发展时，还要做到早、中、晚熟品种的合理搭配。

（一）优质无核葡萄品种

无核葡萄又称无籽葡萄，是今后鲜食葡萄发展的主流，更受消费者的欢迎。

1. 无核早红（8611）

河北省昌黎果树研究所选育，由郑州早玉与巨峰杂交而成。果穗圆锥形，平均穗重190g，果粒大，近圆形，平均粒重4.5g，无核率85%，色泽美观，酸甜可口，不易脱粒。在郑州地区4月上旬萌芽，5月上中旬开花，6月中下旬浆果开始成熟，7月上中旬浆果完全成熟，果实发育期60天左右。

该品种树体生长势强，抗病、适应性强，根系发达，抗旱、耐盐碱，因极早熟，抗逆性强，产量高，综合性状优良，适宜保护地栽培。

2. 郑果大无核

目前，国内无核品种中果粒最大的品种，也是大有推广前途的早熟品种。果穗圆锥形，穗大，平均穗重650g，最大穗重900g；果粒着色紧凑，果粒大，椭圆形或圆锥形，平均粒重5.38g，最大粒重7g；浆果成熟时金黄色，果皮薄，肉质脆，可溶性固形物含量15%左右，含酸量0.18%～0.35%，味甜爽口，品质优良。在郑州地区4月10日前后萌芽，5月15～20日开花，7月下旬至8月初成熟，较巨峰早20天，从萌芽至果实成熟需110天左右。

该品种树势强壮，芽眼萌发力中等，结果枝37.5%，平均每结果枝结1.7穗果，果穗多着生于3～8节，副梢结实力差。

3. 无核白鸡心

又名森田尼无核、世纪无核。欧亚种，原产美国。果穗圆锥形，紧密，平均穗重514g，最大穗重829g；果粒鸡心形，平均粒重4.2g，最大粒重5.1g，果刷长，果粒着色牢固，不落粒，果皮绿黄色，韧性好，不裂果。果肉丰厚，绿黄色；果实含糖量16.5%，香甜爽口。果实成熟时呈淡黄色，极其美观，耐贮存，品质极上。郑州地区4月初萌芽，5月中旬开花，7月下旬至8月初成熟，较巨峰早10～15天，从萌芽至果实成熟需110～150天。

4. 红宝石无核

欧亚种。果穗大，圆锥形，穗形紧凑；平均穗重750g，最大稳重1 400g，果粒较大，平均粒重4.2g，红紫色，卵圆形；果皮较薄，果肉较脆，酸甜适口，品质上等。生长期170天左右，郑州地区8月下旬至9月上旬成熟。

5. 皇家秋天

欧亚种，原产美国。是目前最大的，不用赤霉素处理即可生产的晚熟品种。果穗中等大，平均穗重0.5kg，最大穗重1.8kg；果粒无核，大，圆形或椭圆形，黑或紫黑色；果皮中度厚，果实硬度中等，果皮与果肉不易分离；味甜，可溶性固形物含量18%以上。

（二）极早熟和早熟大粒葡萄品种

1. 维多利亚

罗马尼亚育成，由绯红与保尔加尔杂交而成。果穗大，圆柱形或圆锥形，平均穗重630g；果粒中等紧密，果粒大，长椭圆形，平均粒重9.5g，最大粒重15g；果皮绿黄色，中等厚，果肉硬而脆，味甘甜可口，品质极佳，可溶性固形物含量16%。郑州地区4月上旬萌芽，5月中旬开花，7月中旬浆果完全成熟。

2. 绯红

原产美国，欧亚种，是我国北方葡萄产区的主栽品种。果穗圆锥形或分枝形，平均穗重535g；果粒大，浆果成熟时紫红色，长圆形；果皮较薄，肉质厚而脆，味甜爽口，香味较浓，可溶性固形物含量13.4%。郑州地区4月上旬萌芽，5月上中旬开花,7 月上旬着色,7 月中旬完全成熟。

3. 京秀

欧亚种,北京植物园育成。果穗大,平均穗重 512 ~ 1 100g。果粒重 6.5 ~ 11g,椭圆形,玫瑰红或鲜紫红色;肉质硬脆,可以刀切成薄片,味甜,鲜食风味好,具有东方品种特有风味,可溶性固形物含量 14% ~ 17%。郑州地区 4 月上旬萌芽,5 月中旬开花,7 月上旬着色,7 月中旬完全成熟。

4. 粉红亚都蜜

欧亚种,日本育成。果穗圆锥形,平均穗重 750g,最大穗重可达 1 000g;果粒着生中密,长椭圆形,平均粒重 9.5g,最大粒重 14g,皮紫黑色,果肉硬而脆,汁液中等多,味甜,含可溶性固形物含量 18%,有浓玫瑰香味,品质佳。郑州地区 4 月上旬萌芽,5 月中旬开花,7 月中旬浆果完全成熟。

(三)中熟和中晚熟大粒葡萄品种

1. 秦龙大穗

秦龙大穗是从里扎马特葡萄嫁接苗的株变中选育的,为欧亚种群的品种。果穗近圆锥形,穗形特大,最大穗重 7 350g,平均 2 500g,无歧肩,果粒着生较紧;果粒长圆柱形,纵径 3 ~ 4.5cm,横径 1.5 ~ 2.5cm。玫瑰红色,半透明;无核率最高可达 60%,果肉硬。郑州地区 4 月初萌芽,5 月中旬开花,7 月下旬至 8 月初成熟,较巨峰早 10 ~ 15 天,从萌芽至果实成熟需 110 ~ 115 天。

2. 藤稔

藤稔是巨峰系第三代大粒鲜食新品种,属于欧美杂种,是日本用井川 802 与先锋育成。果穗中等大,圆锥形或圆柱形,平均穗重 400g,最大穗重 892g;果粒着生中等紧密,果粒大,短椭圆形至圆形,平均粒重 15 ~ 20g;果色紫红至紫黑,外观美,果皮中厚;果肉无肉囊,汁多味甜,糖酸适度,有清香味,可溶性固形物含量 16% ~ 17%,每果 1 ~ 2 粒种子,品质优良。

萌芽期早于巨峰 7 天,比早生高墨晚 5 ~ 6 天。花期 7 天。浆果成熟期介于巨峰和早生高墨之间。郑州地区 4 月初萌芽,5 月下旬开花,7 月中旬开始着色,8 月上中旬浆果完全成熟。

(四)晚熟和极晚熟大粒葡萄品种

1. 红地球

又名晚红、红提、大红球、全球红,由美国于 1980 年育成,欧亚种。果穗长圆锥形,平均穗重 1 200g,最大穗重可达 3 000g 以上;果粒圆球形或卵圆形,平均粒重 16g,最大粒重可达 20g 以上,大小较均匀,着生松紧适度;皮稍薄或中等厚,在我国华北、华东地区普遍表现暗紫红色;果皮与果肉紧连,果实充分成熟后,果皮才可剥离;果肉硬脆,能削成薄片而不滴水,味甜,可溶性固形物含量16% ~18%。陕西西安地区4月中旬萌芽,5月下旬开花,7月下旬果实开始着色,9月中下旬果实成熟。

2. 秋黑

欧亚种,原产美国。果穗长圆锥形,平均穗重720g,最大穗重1 500g,果粒着生紧密;果粒阔卵圆形,平均粒重10g;蓝黑色,果皮厚,果粉厚、灰白色,外观极美;果肉硬而脆,味酸甜适口,可溶性固形物含量17%;含酸量1.26%,品质佳;果刷长,果粒着生牢固,果实极耐贮运。郑州地区4月上旬萌芽,5月中旬开花,9月中旬果实成熟,从萌芽至果实成熟需160天左右。

3. 圣诞玫瑰

又名秋红,欧亚种。原产美国,由S44 -35C与1170杂交育成。果穗大,平均穗重500g,圆锥形,穗形紧凑;果粒大,红紫色,倒卵圆形;果皮厚,果粉较厚、灰白色;果肉脆,果实味甜,味美,品质极佳;生长期160天左右,4月下旬萌芽,6月上旬开花,8月下旬着色,10月上中旬成熟。

4. 美人指

欧亚种,日本品种,于1988年选出。亲本为尤尼坤与巴拉底2号。果穗中等大,长圆锥形,平均穗重300 ~750g;果粒极大,平均粒重15g,最大粒重20g;果形特别,呈指形,先端紫红色,基部为淡黄色到淡紫色,十分美丽,故称为美人指;果肉爽口,品质极好,可溶性固形物含量18% ~20%;果刷抗逆能力极强,耐贮运。郑州地区4月上旬萌芽,5月中旬开花,9月上中旬果实成熟,属极晚熟品种。

五、杏

杏是我国人民喜爱的时令水果之一,在初夏水果上占有重要的位置。杏品种按其用途分为鲜食品种、加工品种、鲜食加工兼用品种和仁用品种;按果实发育时间长短分为极早熟、早熟、中熟和晚熟品种。

(一)极早熟品种

1. 骆驼黄

果实圆形,果顶平圆微凹,梗洼深广,缝合线中深、显著;平均单果重49.5g,最大单果重78g,果实外观鲜艳,果皮底橙黄色;果肉橘色,肉质细软,汁液多,味酸甜,黏核或半黏核,仁甜。5月中下旬成熟,果实发育期55 ~60天。

该品种较抗寒、抗旱、适应性强。果个中大，色泽鲜艳，果实品质优良，较丰产。可在华北和辽宁南部地区的城镇附近及交通方便的地区发展。

2. 新世纪

山东农业大学选育。果实卵圆形，果顶平；果个大，平均单果重73g，外观美，果皮底色橙黄色，花粉红色；果面光滑；果肉细，味酸甜，香气浓，半离核，仁苦。5月下旬成熟，果实发育期58天。

3. 丰园红

西安市杏果研究所从金太阳和红八斗的自然杂交后代中选育而成。果实卵圆形，果顶圆；平均单果重62g；果皮底色橙黄色，阳面为浓红色；果肉硬，肉质密，汁液多，离核，仁甜。5月中下旬成熟。较抗晚霜冻。

4. 早春香杏

河南省林业科学研究所选育的极早熟优良品种。除具备金太阳的优点外，还有以下优点：①果个大，平均单果重70g左右，最大单果重93g；②品质好，味美多汁，有香气，是目前极早熟杏中品质最好的品种；③成熟早，比金太阳早熟10天左右，是目前国内最早熟品种。郑州地区5月15日左右成熟。

（二）早熟品种

1. 京早红

北京农林科学院用大偏头与红荷包选育而成。果实心脏形，果顶圆凸；平均单果重48g；果皮底色黄色，果面着红晕；果肉细，汁液多，风味酸甜，有香气，品质上等；离核，仁苦。6月上中旬成熟，果实发育期65天左右。

2. 硕光

石家庄果树研究所选育，为大丰杏的实生后代。果实长圆形，果顶圆凸，缝合线浅；平均单果重86.08g，果皮底色橙黄色，阳面有少许红晕；果肉橙黄色，肉质细，汁液多，味甜酸适口，有香气，可溶性固形物含量13.2%～14.5%。品质上等，离核，仁苦。6月上旬成熟，果实发育期65～70天。

3. 金太阳

原产欧洲。果实近圆形，果顶平，缝合线浅平；平均单果重66.9g；果皮底金黄色，阳面着红色晕，果面光滑；果肉黄色，肉质细，纤维多，汁液较多，离核。6月初成熟，果实发育期60天。

金太阳外观美丽，成熟早，丰产性强，适宜保护地栽培。

4. 山农凯新1号

山东农业大学用凯特和新世纪为亲本杂交选育而成。果实近圆形，果顶平,缝合线浅而不明显,梗洼圆形、中深;平均单果重50.6g;果面光洁,橙红色,外形美观;肉质细,纤维少,味甜,香气浓,可溶性固形物含量15.5%,离核,仁苦。5月底成熟,果实发育期60天。

5. 苹果白杏

特大果型,平均单果重120g,最大单果重160g;果实形状似苹果,成熟后果面纯白,阳面稍有红晕,香味扑鼻,浓甜似蜜,是目前品质最好的品种。6月上旬成熟,坐果率高,丰产、稳产。

(三)中熟和晚熟品种

1. 仰韶杏

别名鸡蛋杏、响铃杏。原产河南省渑池县,系地方良种。果实卵圆形,果顶平、微凹,缝合线浅、明显;果皮黄色或橙黄色,果点大、稀,紫褐色,果面有茸毛;果肉橙黄色,肉质细密、软,纤维少,味酸甜适口,香气浓,可溶性固形物含量14%,离核,仁苦。6月中旬成熟,果实发育期70~80天。

2. 红玉杏

原产山东历城、长清一带,是当地主要栽培品种,也是山东省出口杏的主要品种,深受国内外市场的欢迎。

果实卵圆形,果顶平,微凹,缝合线浅而广,梗洼深;平均单果重85g。果面茸毛少,有光泽;果皮底色橙红色,阳面片红,整洁美观,果肉橙黄色,肉厚,脆硬,纤维细,果汁多,酸甜可口,有清香。可溶性固形物含量10.8%,离核,仁苦,耐贮运。6月上中旬成熟,果实发育期70天左右。

红玉杏适应性强,极丰产,果实较大,色泽鲜艳,风味佳美,品质极上,是鲜食和加工兼用的优良品种。

3. 北寨红杏

原产北京市平谷区。果实圆形,果顶平圆;在干旱山地平均单果重40g,最大单果重110g;色泽艳丽,果皮底色橙黄,黄里透红,阳面有紫色斑点;果肉橘黄色,果肉紧,汁较多,肉较细,含糖量高达16.5%,品质极佳;离核,核椭圆形,果仁饱满,甜仁,清香甜脆。

北寨红杏树势强健,树姿半开张,抗逆性好,丰产;4月上旬(清明节前后)开花,6月中下旬成熟。

4. 龙廷杏梅(金皇后)

杏与李的自然杂交芽变品种。平均单果重85g,最大单果重150g;果面光滑有光泽,略带红晕,底色金黄,向阳面略带红晕;果肉黄色半透明、较韧,香味浓、鲜食甜酸可口,风味独特,离核,品质上等,宜加工。7月上旬成熟,有3~5天后熟期,耐贮运,抗逆性强,适应性广,自花结实率高,丰产性强。

5. 孤山大杏梅

因辽宁东港市大孤山镇而得名,品质极佳,属杏中珍品,1999年在辽宁省优质果评选中被评为金奖。果形美观,个大,平均单果重76g,最大单果重105g,果皮金黄有红晕;核小,皮薄,肉厚,柔韧多汁,酸甜可口,营养丰富,清香诱人,含糖量16%以上,杏仁为甜仁(可食)。

6. 桃巴达杏

大果型晚熟品种,成熟期6月上中旬,果皮橘黄有红晕,品质极佳,果实甜美蜜香,平均单果重100~150g,坐果率高,丰产性强,是很珍贵的杏树品种。

六、樱桃

樱桃在落叶果树中有"春果第一枝"之美誉,果实色泽艳丽,味道鲜美,营养丰富。目前,在我国生产上主要栽培的只有中国樱桃和欧洲樱桃(又称甜樱桃)两种,主要栽培品种有:

1. 早大果

乌克兰品种,果个较大,在郑州地区栽培,平均单果重7.8g,最大单果重可达13g;果柄中长;果实近圆形,缝合线不明显,果实微凹陷;果实紫红色,有光泽;果肉红色;肉质肥厚,半硬肉,汁多,风味酸甜可口,品质上等。果实发育期为33~38天,比红灯早熟4~6天,果与柄较难分离。5月上旬成熟,成熟期较集中。抗寒性较强,易成花,果实大,品质优,丰产。

2. 红灯

大连市农业科学院选育,为那翁和黄玉的杂交后代,是早熟大果型良种。平均单果重8.4g,最大单果重可达15g;果实肾形,整齐,果顶微凹;果皮紫红色,有亮丽光泽;果肉红色,肥厚、多汁,较软,酸甜适口,风味浓厚,可溶性固形物含量17.1%,可食率92.9%;果柄短粗,果与柄较难分离。耐贮运性较好,常温下货架寿命可达6天。成熟期遇雨不抗裂果,果实发育期40~45天,郑州地区5月15日左右成熟。自花不实,栽培时必须配置先锋、雷尼尔、拉宾斯等授粉品种。

3. 红鲁比

早熟大果品种,与红灯成熟期一致。果实短心脏形,浓红至紫红色,果顶微凹,果实大,平均单果重8.9g;肉硬、红色,可溶性固形物含量16.6%,味甜酸适口；果与柄较难分离，较耐贮运。早果性状明显优于红灯。很丰产，树势中庸，树姿较直立，短枝明显，自花不实。

4. 美早

美国品种，中早熟。该品种是继红灯成熟之后的果个大、品质优、果肉硬、耐贮运的一个优良品种。果个大小整齐一致。平均单果重 8.5g，最大单果重 15.6g；果实宽心脏形，果顶微凹，缝合线凹下；果皮全面紫红色，有光泽，鲜艳；肉质脆，红色，肥厚多汁，风味酸甜可口，可食率 93.3%。果柄特别粗短，果与柄较难分离；果肉硬脆不变软、耐贮运是该品种的两个突出特点。

5. 龙冠

郑州果树研究所选育。平均单果重 7.5g，最大单果重可达 12g；果实宽心脏形，果实微凹，缝合线平；外观全面呈宝石红色，晶莹亮泽，艳丽诱人；果肉及汁液呈紫红色，汁中多，酸甜适口，风味浓郁，品质优良；可溶性固形物含量 13% ~ 16%，总酸量 0.78%，每 100g 鲜果肉含维生素 C 45.7mg；核中等，可食率 92.5%；果实肉质较硬，耐贮运性好，果柄中长中粗，果与柄分离较难。常温下货架寿命可达 6 ~ 7 天。较抗裂果，畸形果率低。果实发育期 43 ~ 47 天，早熟品种。

6. 萨米脱

加拿大品种。果个均匀一致，平均单果重 9.1g，最大单果重 13g；果实长心脏形，果顶尖，缝合线平；果实紫红色，有光泽，果皮中厚；果肉红色，质较脆，肥厚多汁，纤维少、细，果肉致密、较硬，核小，可食率 93.47%；可溶性固形物含量 16.5%，含酸量 0.79%，风味酸甜适口，品质上等；果柄中粗、中长，果与柄不易分离，采前不落果。果实发育期 55 天左右，为中熟品种。自花不实，着色期遇雨裂果。

7. 抉择

乌克兰早熟品种。果实较大，整齐，平均单果重 6 ~ 8g；圆形至心脏形，紫红色，果顶微凹，缝合线内凹，果皮薄；果肉细嫩多汁，汁液紫红色，半硬肉，酸甜爽口；果与柄分离较难。郑州地区 5 月上旬成熟，自花不实。适于观光果园栽培。

8. 早红宝石

乌克兰极早熟品种。平均单果重 3 ~ 4g，阔心脏形，果顶微凹，缝合线内凹，果皮紫红色，有玫瑰红色果点；果肉红色，肉质细嫩多汁，酸甜适口；果与柄分离较难。植株生长强健，抗寒、抗旱，以花束状果枝和一年生枝结果，嫁接苗栽后第3 ~ 4 年开始结果。适于观光果园栽培。郑州地区 5 月 4 日成熟。

9. 雷尼尔

美国品种，1985 年引入我国。果实大，平均单果重 9.5g，最大单果重可达 12g；果实宽心脏形或肾形，果顶微凹；果实底色黄色，阳面着鲜红色晕，色泽非常鲜艳美观，晶莹亮泽，艳丽诱人；果肉黄色，汁液无色，汁中多，可溶性固形物含量 17.6%，酸甜适口，风味浓郁，品质优良；核较小，可食率 94.2%，果柄短粗，果实肉质较硬，耐贮运性好，常温下货架寿命可达 6～7 天。裂果较少，畸形果极少，自花不实，自然结实率高。果实发育期 60～65 天。中晚熟品种。

10. 拉宾斯

加拿大用先锋和斯坦勒杂交育成。果实较大，平均单果重 8.6g，最大单果重 11g；果个均匀、整齐，果实近圆形，有个别果实表现高桩，果顶微凹，缝合线明显，缝合线接近梗凹处高凸起，是本品种的突出特征；果皮深红色，有光泽；果肉较硬，紫红色，果汁红色，可溶性固形物含量 17.5%，成熟后酸味下降，果味浓厚；核较小，可食率 93.1%；果柄中长、中粗，与果实较难分离；果皮厚，高抗裂果，耐贮运性较好，常温下货架寿命可达 6～7 天。郑州地区畸形果率很低。

11. 黑珍珠樱桃

黑色品种，树势中庸，管理省工，早果性和丰产性很强，3 年结果，5 年丰产，盛果期每亩 3 500kg，花期抗寒性强于现有大樱桃品种，而且自花结实率高达 85%以上，平均单果重 11g，最大单果重 16g，果肉硬，延迟采摘 10～15 天果实不软，口感良好，极耐贮运，成熟期 5 月下旬，成熟集中。

12. 岱红樱桃

果实圆心脏形，畸形果少，果型端正，整齐美观；果皮鲜红至紫红色，富光泽，色泽艳丽；果肉粉红色，近核处紫红色，味甜适口；平均单果重 10.85g，最大单果重可达 14.2g。抗裂果，树势强健，成花率高，结果早。5 月 15 日左右成熟。

13. 黑兰特樱桃

早熟品种，比红灯早熟约 1 周。果实鲜红色，晚采时变成紫红色，果个大，平均单果重 10g 左右，最大单果重 16g；果肉红色，味甜，果柄中长。抗裂果，结果早，丰产。

第二节 分布情况

按照果树带的划分，北方水果在我国主要分布于温带落叶果树带和旱温带落叶果树带。其中，温带落叶果树带，包括江苏、山东全部，安徽、河南的大部分，湖北宜昌以东，河北承德、怀莱以南，山西武乡以南，辽宁鞍山、北票以南，陕西的大荔、商县、佛埠一带以及浙江的北部等地区。本带北方果树种类最多、数量最大，是我国落叶果树，尤其是苹果和梨的最大生产基地。主要果树有苹果、梨、桃、柿、枣、葡萄、核桃、杏、樱桃、山楂等。著名品种及特产区有辽宁苹果、山东肥城桃、莱阳茌梨、乐陵无核枣、河北鸭梨、河南灵宝大枣、安徽砀山酥梨等。

旱温带落叶果树带主要包括山西北半部，甘肃东南部，陕西西北部及宁夏、青海、四川、西藏和新疆的部分地区。主要栽培的果树有苹果、梨、葡萄、核桃、桃、柿、杏、枣、李等。本带的川西之地、甘肃天水是我国苹果生产品质最好的地区，新疆的塔里木盆地是我国最大的葡萄生产基地，也是世界著名的葡萄干产区。

苹果在我国分布很广，现已形成渤海湾、西北黄土高原、黄河故道和西南冷凉高地等四大苹果主产区。其中，渤海湾产区包括辽宁、山东、河北等省，2004年苹果栽培面积占全国苹果栽培总面积的39%，产量占全国总产量的43%。该地区栽培历史悠久，系我国苹果栽培最早的区域，生态条件优越，栽培技术水平高，果品产量高，品质好。近年来，由陕西、甘肃、山西等省组成的西北黄土高原区苹果生产发展速度较快，其面积和产量分别占全国的41%和36%。黄河故道产区，包括豫东、鲁西南、苏北和皖北，面积和产量分别占全国的11%和14%。西南冷凉高地产区，主要包括云、贵、川高海拔地区，面积和产量分别占全国的3%和2%。

为了充分发挥区域比较优势，提高我国苹果产业的整体水平，2003年农业部制定了《苹果优势区域发展规划》，把渤海湾产区和西北黄土高原产区作为我国苹果发展的优势区域重点建设，已形成我国苹果的重点核心区域及产业带。其中，渤海湾产区重点区域包括山东胶东半岛和泰沂山区、辽宁的辽西和辽南地区及河北的秦皇岛地区和太行山区。该地区栽培历史悠久，系我国苹果栽培最早的区域，生态条件优越，栽培技术水平高，果品产量高，品质好。西北黄土高原产区包括陕西的渭北地区、山西的晋中和晋南地区、河南的三门峡地区及甘肃的陇东地区。该产区是我国苹果发展最快的产区，光照充足，冬无严寒，夏无酷暑，且温差大，符合苹果最适宜6项生态条件，果实着色好，只是许多果园缺乏灌溉条件，影响了果实大小和产量。此外，黄河故道地区也是20世纪60年代发展起来的苹果主要产区，土地平坦，土壤肥沃，海拔较低，夏季高温、多雨，苹果生长比较旺，产量高，果实个大，但是质量较差。其适合进行矮化砧栽培，可有效控制树势，改善光照，提高鲜食苹果的品质，以便发挥其地区优势。

梨的种类繁多,品种分布广泛。华北地区是我国最大的梨产区,主要栽培品种以白梨为主,其栽培面积和产量占全国总产量的50%以上。长江以南主要栽培砂梨品种,吉林、内蒙古、辽宁北部、河北北部主栽秋子梨,西北、西南地区凭借有利的环境气候条件栽培砂梨、白梨,华北、辽宁沿海部分果区栽培西洋梨。目前,全国主要栽培品种有鸭梨、雪花梨、砀山酥梨、黄县长把梨、莱阳茌梨、早酥梨、晋酥、秦酥、锦丰、金花梨、秋白梨、冬果梨、苍溪雪梨、库尔勒香梨、二十世纪、晚三吉、丰水、幸水、新水、爱宕梨等,西洋梨有巴梨、茄梨、红巴梨等。其中,鸭梨、雪花梨、酥梨、长把梨、茌梨、金花梨、冬果梨、苍溪雪梨、晚三吉、巴梨等品种的产量和种植面积正在逐步减少。

桃树在我国根据各地生态条件,分布现状及其栽培特点,可分为5个适宜栽培区:华北平原桃区、长江流域桃区、云贵高原桃区、西北干旱桃区和青藏高原桃区;以及2个次适宜栽培区:东北高寒桃区和华南亚热带桃区。其中,华北平原桃区是我国桃的主要产区,以水蜜桃和油桃发展为主,该区的北部是我国桃、油桃保护地栽培的最适宜区。长江流域桃区,主要分布水蜜桃和蟠桃;云贵高原桃区分布一些南方品种群的硬肉桃系;西北干旱桃区是色泽好的桃、油桃生产基地,可建立高标准的绿色生产园,进行规模化发展。

葡萄发展遍布全国,主要分布在新疆、河北、山东、辽宁、河南、山西、四川、浙江、陕西、江苏、安徽、湖北、天津、吉林等省(市、自治区),台湾省也有分布,在大中城市附近,分布尤为集中。传统栽培鲜食葡萄的省(市、自治区)有新疆、陕西、山西、山东、河北等地。历史上著名的产地有新疆吐鲁番与和田,河北宣化和昌黎凤凰山,山西清徐、山东平度大泽山等。随着葡萄产业的发展,我国南方一些地区已大面积种植鲜食葡萄。

杏原产我国,其中普通杏是最普遍的栽培种,原产我国黄河流域的西北、华北各地。经全国第二次杏种质资源普查,在我国分布北限由东至西是黑龙江的富锦—绥棱—明水—内蒙古阿荣旗—扎兰屯—巴林右旗—化德—临河—阿拉善左旗—阿拉善右旗—甘肃金塔—新疆哈密—托里。分布的南限是浙江乐清—平阳—江西玉山—福建政和—湖南通道—广西南丹—云南文山—耿马。西伯利亚杏、辽杏是普通杏的良好砧木,西伯利亚杏现分布于东北和华北各地;辽杏分布于辽宁、吉林和黑龙江地区。现在全国鲜食杏栽培面积最大的是新疆,其他依次是河北、甘肃、山西、内蒙古和辽宁等省(自治区)。

樱桃自然分布在北半球温带地区,大多数集中分布在东亚地区。目前,已确定产于我国的有76种,北起辽南、华北,南至云南、贵州,西至甘肃、新疆,东至山东、江苏、浙江都有自然分布。以我国西南各山区樱桃种类的自然分布最为丰富。

中国樱桃,原产于长江流域。目前,中国樱桃的主要产区有山东青岛、莱阳、栖霞、平度,安徽太和、界首,河南郑州、洛阳,浙江诸暨,陕西蓝田,云南昆明,四川阿坝等地。欧洲甜樱桃在我国始于19世纪70年代栽培,是由当时的传教士和侨民等带进来的。于20世纪80年代,大面积推广,并陆续从国外引进了近200个品种,在河南、山西、陕西、甘肃、安徽、浙江、新疆及云南、贵州、四川的高海拔地区广泛试种及发展。

根据生长条件和已有的栽培实践,把我国樱桃栽培区分为以下4个区域:①环渤海湾地区,包括山东大部、辽宁、天津、北京、河北,为我国樱桃栽培历时最早、现有栽培面积最大、发展速度最快的地区。②陇海铁路沿线中、东段早熟栽培区,包括江苏北部,安徽北部,山东南部,河南中、北部,陕西关中地区,山西南部。此地区樱桃成熟区比渤海湾地区早10~25天,现处于加速发展阶段。③西南高海拔特早熟栽培区,包括四川和云南适宜气候条件下的高海拔地区。此地区的成熟期可提前到4月底至5月初,正处于示范试种阶段。④分散栽培区,包括新疆南部、甘肃天水地区和北方寒冷地区进行保护地栽培的地区。

第二章　水果质量安全概述

食品安全是影响人类生存和生活质量的重要因素之一，水果质量安全在食品安全中占有十分重要的地位。随着人们生活水平的逐步提高，对果品食用安全的要求越来越高，果品质量安全已成为制约我国果业发展的主要因素。加强果品质量及其产地环境保护监控，对提高果品质量安全水平，促进果品产业健康发展具有重要意义。

第一节　影响水果质量安全的主要因子

随着现代工业、现代农业的发展，人类活动对环境污染日趋逐渐加重，一些有害物质通过各种途径进入果园，对果园大气、土壤、灌溉水及果品造成了不同程度的污染。

一、有害气体污染

大气污染物的来源包括工业污染、交通污染、农业污染和生活污染等，其中对人类及植物产生危害的污染物有100种左右，主要包括二氧化硫、氟化物、氮氧化物、氯气以及粉尘、飘尘等。这些污染物有时能直接伤害果树，表现为急性危害，花、叶片和果实褐变和脱落，造成严重减产；有时，伤害是隐性的，从果树的外部和生长发育上看不到危害症状，但果树生理代谢受到影响。

1. 二氧化硫

二氧化硫是对农业危害最广泛的大气污染物，它是由燃烧含硫的煤、石油和焦油产生的。在人为排放的二氧化硫中，约有1/5来自石油的燃烧，其余来自各种工业生产过程。在正常情况下，空气中二氧化硫的含量约为3.5×10^{-5} ml/L，当浓度达$0.5\times10^{-3}\sim1.0\times10^{-3}$ ml/L以上时会对植物产生危害。二氧化硫由果树叶片上的气孔侵入叶片组织，当果树吸入的二氧化硫过多时，叶绿素被破坏，组织脱水，果树叶片脱落、花期不整齐、坐果率低、果实龟裂。另外，二氧化硫遇水则变成亚硫酸，若果树上喷过波尔多液，其中的铜离子游离出来，会造成药害。

2. 氟化物

氟化物是仅次于二氧化硫的大气污染物，主要包括氟化氢、氟化硅、氟化钙等，其中氟化氢是空气污染物中对植物最有毒性的气体。氟化氢无色，具臭味，主要来自使用氟原料的化工厂、磷肥厂等排放出的废气，当空气中含量达 1.0×10^{-7} ml/L 时，即可使敏感植物受害。氟化氢主要是通过叶片气孔进入植物体内，抑制植物体内的葡萄糖酶、磷酸果糖酶的活性，还可以导致植物钙营养失调。氟化物对果树的影响，主要表现在破坏果树的营养生长，初期危害正在生长中的幼叶，严重抑制新梢生长，并造成植物的缺素症。氟化物对花粉粒发芽和花粉管的伸长有抑制作用，使花朵受精率减低，不易坐果，果实不能正常膨大，果实硬化等。

3. 氮氧化物

主要包括一氧化氮、二氧化氮、硝酸等，其中对植物毒害较大的是二氧化氮。二氧化氮是一种棕红色的有刺激性臭味的气体，主要来自汽车、锅炉等排放的气体，植物受毒害症状近似于二氧化硫。

4. 氯气

主要来自食盐电解工业以及生产农药、漂白粉、消毒剂、塑料等工厂排放的废气，是一种黄绿色的有毒气体，但它的危害只限于局部地区。氯气进入植物叶片后，能很快破坏叶绿素，使叶片产生褐色伤斑，严重时全叶漂白，枯卷甚至脱落。

5. 粉尘和飘尘

粉尘是空气中飘浮的固体或液体的微细颗粒，其主要成分是煤烟粉尘，工矿企业密集的烟筒是煤烟粉尘的主要来源。烟尘中的颗粒粒径大于10μm，易降落，这些烟尘降落到果树的叶片上，影响果树正常光合、蒸腾和呼吸代谢等生理作用；花期污染，影响授粉和坐果；结果期污染，会使果实表皮粗糙木栓化。

飘尘是指大气中粒径小于10μm 的颗粒物，能在空气中长期悬浮，可随气流传播飘移至远处。有的工厂向大气排放的极细小的金属微粒，如铅、铬、汞、锰等，即为飘尘。飘尘对果树的影响主要是降低大气的透明度和透光率，影响果树的光合作用。飘尘在空气中相互碰撞而吸附成为较大粒子，降落地面后造成对土壤、灌溉水、果树的严重污染，果树被污染后不仅直接影响果品的外观和商品价值，而且由于重金属被植物吸收，间接危害人体健康。

6. 其他污染

氧化剂对果树有一定的危害，主要包括臭氧、过氧乙烯酸酯、醛类等。臭氧多来自机动车尾气，主要伤害中龄叶，受害叶片出现密集细小斑点，有的植物上表皮呈褐、黑红或紫色，还可发生失绿斑块等现象。工厂、化肥厂排放出的氨气和尿素粉尘，由于含氮量过高，使果树营养元素比例失调，容易诱发生理落果。

二、农药污染

农药是重要的农用化学物资，在果树病虫害防治中发挥了重要作用，但同时，由于长期以来化学农药的不合理、不科学应用，导致环境污染加重，果品中农药残留超标，严重影响人类身体健康。农药已成为农产品污染的重要来源之一，是生产绿色果品的重要制约因素。

1. 农药对果园的污染状况

化学合成农药的长期不合理使用对果园的生态环境造成了很大的污染。据冯建国(2000)对山东主产区苹果园调查，苹果园中有机氯农药六六六、滴滴涕的检出率均达100%，超标率各为20%。在调查的45处果园中，有11处果园残留超标，其中7处果园六六六、滴滴涕同时超标。调查分析表明，这些果园的滴滴涕、六六六超标与过去经常使用这些药剂有关，近些年使用三氯杀螨醇也是造成滴滴涕在土壤中残留的原因之一。调查结果表明农药对果园的污染是严重的。

2. 农药对果品的污染

农药残留高低是衡量果品质量好坏的重要指标。我国水果出口量较低，其中一个很重要的原因就是农药残留量超标。冯建国等(2000)对山东省果园常用的12种农药在苹果中的残留测试表明，除甲基对硫磷、倍硫磷、甲基托布津未检出外，其余9种农药(辛硫磷、溴氰菊酯、六六六、滴滴涕、杀螟硫磷、马拉硫磷、对硫磷、乐果、敌敌畏)均有检出，说明农药对果品的污染是严重的。

3. 农药对生态环境的影响

农药会对生态环境造成严重影响。主要表现在：由于化学农药的不合理使用，导致果园中害虫天敌数量锐减，失去了对害虫的控制作用，导致害虫的猖獗；同时，引起病虫的抗药性增强，造成病虫害防治更加困难。据有关资料介绍，我国已有27种主要害虫和螨类对16种农药产生了程度不同的抗药性。如苹果的绣线菊蚜对氧乐果的抗药性增加了15.88～64.58倍，对氰戊菊酯的抗药性增加了25～29.56倍。

三、化肥污染

随着现代工业和现代农业的发展，人们对化肥的使用量呈大幅度增长趋势。大量化肥的使用在刺激农作物产量增加的同时，也给农业生产带来了严重的后果。

1. 氮肥的污染

果园中长期大量使用氮肥，特别是大量使用铵态氮肥，铵离子能够置换土壤胶体中的钙离子，造成土壤颗粒分散，从而破坏土壤的团粒结构。硫酸磷、氯化铵等生理酸性肥料使用过多会导致土壤微生物的区系改变，促使土壤中病原菌数量增多。氮肥中氨的挥发以及硝化、反硝化过程中排出了大量的二氧化氮，对动植物会造成程度不同的伤害。氮肥的长期过量使用，可使土壤中的硝酸盐含量增加，进而导致果品中的硝酸盐含量增加，对人体健康造成危害。

2. 磷肥的污染

磷肥中含有镉、氟、砷、稀土元素和三氯乙醛，过多施用会影响植物对锌、铁元素的吸收。同时，磷肥亦是土壤中有害重金属的一个重要污染源，磷肥中含铬量较高，过磷酸钙中含有大量的镉、砷、铅，磷矿石中还有放射性污染，如铀、镭等。

磷肥使用过量，可通过各种渠道进入湖泊、河流，从而造成水体富营养化及地下水污染。劣质磷肥中的三氯乙醛进入水体成为水合氯醛可直接污染水体。

3. 钾肥的污染

过量使用钾肥会使土壤板结，并降低土壤 pH 值，从而影响植物生长。氯化钾中氯离子对果实及其他农作物的产量和品质均有不良影响。

四、重金属污染

重金属会对果园土壤、灌溉水和果品造成严重的污染。这里所说的重金属，主要是指镉、砷、汞、铅、铬等。据冯建国等(2000)对山东省 45 处果园调查：重金属镉、铅、汞、铬和类金属砷在 45 处果园土壤中检出率达 100%，但超标率不高；苹果园灌溉水中重金属铅、镉、铬、汞和砷检出率达 100%，但铅和砷不超标，镉、汞、铬的超标率分别为 4.44%、2.22% 和 4.44%；苹果中铜、锌、汞、铬、铅、镉和砷的检出率达 93.55% ~100%，但超标的仅有铅、镉、汞 3 种，氟虽有检出，但不超标。

1. 镉

主要来自金属矿山、金属冶炼和以镉为原料的电镀、电机、化工等工厂，是一种毒性很强的金属，可在人体内长期积累，损害人的肺、肾、神经和关节等器官。

2. 砷

主要来自造纸、皮革、硫酸、化肥、农药等工厂的废气和废水，以煤为能源的工业和民间燃煤亦是砷的一个重要污染途径。因为含砷物质常被用作杀虫剂、杀菌剂、除草剂的生产原料，许多果园土壤受到严重的砷污染。砷对植物的危害主要是阻碍水分和养分的吸收，无机砷影响营养生长，有机砷影响生殖生长。砷可与空气中的氧结合形成三氧化二砷，与人体内的蛋白酶结合，导致细胞死亡；砷还是肺癌、皮肤癌的致病因素之一。

3. 汞

主要来自矿山、汞冶炼、化工、印染等工厂排出的"三废"以及农业上的有机汞、无机汞农药的使用。过量的汞会使植物的叶、花、茎变为棕色或黑色。汞主要侵害人的神经系统，使手足麻痹，全身瘫痪，严重时可使人痉挛死亡。

4. 铅

主要来自用汽油作燃料的机动车尾气，另外有色金属冶炼、煤的燃烧，以及油漆、涂料、蓄电池的生产企业等。铅主要为植物的根部所吸收和积累，并抑制植物的光合和蒸腾作用。铅污染食物，进入人体后会引起神经系统、造血系统和血管方面的病变，另外动脉硬化、消化道溃疡和眼底出血等也与铅污染有关。

5. 铬

过量的铬会抑制生长发育，并可与植物体内细胞原生质的蛋白质结合，使细胞死亡。铬对人体的毒害主要是刺激皮肤黏膜，引起皮炎、气管炎、鼻炎和变态反应；六价铬可以诱发肺癌和鼻咽癌。

五、其他有害物质污染

在绿色果品生产中，使用有机肥是提供果树营养、保持水土肥力的主要途径。而厩肥、人粪尿等肥料中的多种有害微生物，如细菌、霉菌、寄生虫等及其产生的毒物，可造成环境污染。

随着塑料在农业上的广泛应用，一些有毒塑料成为新的污染源。土壤耕作层中的废旧塑料难消解，会严重阻碍植物根系的生长发育和土壤中水、肥的移动。塑料增塑剂中的邻苯二甲酯能通过各种途径进入环境，会污染土壤，影响果树生长，污染果品后，对人体有较强的致癌、致畸、致突变作用。

第二节 水果质量安全状况

一、国内水果质量安全状况

农产品质量安全(特别是鲜活农产品的质量安全)是近些年全球特别关注的热点之一。我国政府一直非常重视这项工作。近年来,农业部在农产品质量安全控制方面采取了一系列有效措施,如加大推广应用标准化生产技术、开展生产环境的监测监控,加强对农药化肥等生产资料使用的监管,实施农产品质量安全监督抽查,建立质量安全追溯体系,实行市场准入制度和强化农产品质量安全责任制等,有效地控制了源头的污染,使农产品质量安全水平大幅提高。但是,由于水果生产涉及广大果农,其管理体制,经营状况还存在着一些问题,我国水果质量安全的发展基础仍较薄弱,提高果品质量安全任重而道远。

1. 果品安全生产情况

我国是农药使用大国,年使用量$(0.8\sim1)\times10^6$t,居世界首位。我国果品栽培技术相对落后,防治病虫害以化学农药为主,生物农药应用相对较少,几乎90%以上都是化学农药。目前,80%以上果园的果树病虫防治仍主要依赖于化学防治,受价格和果农传统用药习惯等的影响,已经禁用的有机磷、有机氯等高毒高残留农药在生产中还占较大比例,由于农药使用剂量、时间、次数不当,导致农药残留超标,势必对产地环境和果品质量安全构成较大的威胁。此外,由于污水灌溉、工业"三废"(废气、废水、废渣)排放等问题,也导致土壤重金属含量增加,加重了对果品产地和果品的污染。

2. 果品质量安全基本状况

农业部实施"无公害食品行动计划"以来,组织部级质检中心对全国37个重点城市蔬菜农药残留开展例行监测,为监控蔬菜农药残留,提高蔬菜质量安全水平,发挥了很重要的作用。各省农业部门也相继开展蔬菜农药残留例行监测。通过监测发现,尽管国家加大了蔬菜农药残留的监管力度,但是所检部分蔬菜中仍存在氧乐果、甲基对硫磷等禁用农药残留超标的问题。

目前,全国性果品质量安全监测工作还未启动。人们对蔬菜质量安全较为关注,但对果品质量安全重视程度不够,这与果品和蔬菜的消费习惯不同有很大关系。蔬菜多以即食、鲜食型为主,容易出现质量安全事故,而果品食用时多数去皮去壳,急性中毒事故较少。尽管如此,果品中农药残留和重金属超标的问题依然存在。例如食用含有乙烯利等过量催熟剂、色素添加剂导致的"毒西瓜”中毒事件，已引起消费者对果品质量安全的担忧。葡萄、草莓的农药残留问题也比较普遍。果品中农残留和重金属等有害物质超标的问题已是不争的事实，从果园土壤检测中发现了镉(Cd)、铬(Cr)、铅(Pb)等重金属超标的问题，并且禁用多年的滴滴涕等农药在果园土壤中仍然有检出。2003～2006 年农业部开展的全国苹果质量安全普查表明，苹果中依然广泛存在农药和重金属残留超标的问题。另外，由于果园长期依赖化学防治产生的不良生态反应，已严重影响到果品质量安全。

3. 果品质量安全对出口的影响

果品生产大量使用化学农药和化学肥料，导致了果品质量及加工品品质下降，影响到我国果品的国际信誉和进出口贸易。农药残留和重金属超标制约了我国果品与加工品参与国际市场竞争。加入 WTO 后，西方发达国家设置的“绿色壁垒”，已成为我们必须面对的新的出口障碍。近年来，欧、日和东南亚等国家不但制定了更为严格的出口果品农药最低残留限量标准，而且要求提供果品产地环境有关土壤、水质中重金属的监测报告，对出口果品提出了更高的要求。我国水果虽有一定的价格优势，但由于质量、包装、贮运等问题，出口量占水果总产量的比例仍很低。据统计，2012 年我国水果共计生产 2.2×10^8t，出口只有区区 3×10^6t，水果出口量占不到生产总量的 2%。

二、发达国家水果质量安全状况

随着经济全球化进程的加快，世界范围内传统的非关税壁垒大幅下降，美国、日本、欧盟等发达国家为保护本国水果生产，凭借其科学技术、管理体制、环境保护等方面的优势，通过以制定和实施技术法规、标准、认证制度、动植物检验检疫等为主要内容的技术性贸易壁垒(TBT 壁垒)和卫生与动植物检疫措施壁垒(SPS 壁垒)这两种非关税壁垒的重要形式，对发展中国家水果出口的进行限制。目前，我国对农产品中残留农药进行检测的种类只有 62 种，而美国是 364 种，德国 292 种，法国 188 种，加拿大 126 种，欧盟 100 种，可见我国在这方面与发达国家的差距是很大的。据国家质检总局数据显示，2005 年，我国出口美国、日本的农产品和食品中，水果产品被扣留次数仅次于蔬菜、水产品、肉类产品，居第四位。2008 年安徽砀山梨汁在美国被检出重金属砷超标，导致工厂产品积压，企业和广大农民损失惨重。造成该事件的一个原因是以前我国果园长期大量使用砷制剂农药，致使土壤和水果中重金属超标；另一个原因是美国制定了更严格的水果质量标准。如我国 GB/T 18963—2003 规定砷为≤0.1mg/kg，美国 FDA 对总砷未规定，但规定无机砷为≤23μg/kg，FDA 预警砷主要为无机砷超标。我国 GB/T 18963—2003 标准规定铅为≤0.2mg/kg，美国 FDA 规定为≤50μg/kg。

同时，发达国家凭借其贸易大国的地位和技术优势，通过制定严格的环境保护法规和相对苛刻的技术标准，限制别国水果进入，实行贸易歧视。目前，发达国家的技术法规、标准和合格性评定程序已相当完备，国际标准的制定几乎都为发达国家所控制。市场准入的门槛越来越高、要求越来越严、范围越来越广，为水果贸易设置了层层障碍，提高了水果贸易的门槛，使发展中国家水果出口处于明显的被动地位。

第三节　水果质量安全标准

一、国内水果质量安全标准

产品标准是产品质量安全水平的直接体现，2001 年，国家质量监督检验检疫总局发布了《农产品安全质量　无公害水果安全要求国家标准》(GB 18406.2—2001)，规定了影响水果质量安全的感官指标、理化指标和卫生安全标准，同时还对包装、运输及贮存等进行了规定，以防止水果在包装、运输、贮存过程中造成二次污染。无公害农产品(水果)产品质量安全指标重点为卫生安全标准，主要有重金属及其他有害物质限量、农药最大残留限量，见表 2－1、表 2－2。

表 2－1　无公害水果重金属及有害物质限量控制标准

项目	指标(mg/kg)
砷(以 As 计) ≤	0.50
汞(以 Hg 计) ≤	0.01
铅(以 Pb 计) ≤	0.20
铬(以 Cr 计) ≤	0.50
镉(以 Cd 计) ≤	0.03
氟(以 F 计)≤	0.50
亚硝酸盐(以 $NaNO_2$ 计) ≤	4.0
硝酸盐≤	400

表2－2 无公害水果农药最大残留限量控制标准

通用名称	英文名称	毒性	作物	最高残留限量(mg/kg)
马拉硫磷	malathion	低	水果	不得检出
对硫磷	parathion	高	水果	不得检出
甲拌磷	paorate	高	水果	不得检出
甲胺磷	methamedophos	高	水果	不得检出
久效磷	monocrotophos	高	水果	不得检出
氧乐果	omethoate	高	水果	不得检出
甲基对硫磷	parathion－methyl	高	水果	不得检出
克百威	carbofuran	高	水果	不得检出
涕灭威	aldicarb	高	水果	不得检出
水胺硫磷	lsocarbophos	高	水果	≤0.20(柑橘果肉部分)
六六六	BHC	中	水果	0.20
滴滴涕	DDT	中	水果	0.10
敌敌畏	dichlorvors	中	水果	0.20
乐果	dimethoate	中	水果	1.0
杀螟硫磷	fenitrothion	中	水果	0.40
倍硫磷	fenthion	中	水果	0.05
辛硫磷	phoxim	低	水果	0.05
百菌清	chlorothalonil	低	水果	1.0
多菌灵	carbendazim		水果	1.0
氯氰菊酯	cypermethrin	中	水果	2.0
溴氰菊酯	decamethrin	中	水果	0.10
氰戊菊酯	fenvalerate		水果	2.0
三氟氯氢菊酯	cyhalothrin	中	水果	0.20

注：未列项目的农药残留限量控制标准，各地区根据本地实际情况严格按规定执行。

二、发达国家水果质量安全标准

目前，世界各发达国家，例如美国、加拿大、欧盟、日本等均已建立了较为完善的国家食品质量安全监督管理体系，保证了政府监管有力，国民能享受到安全、卫生的食品供应。

针对农产品质量和水果农药残留，国际上由联合国粮农组织（FAO）和世界卫生组织（WHO）专门成立了农药残留联席会议（JMPK），并通过国际食品法典委员会（CAC）制定和颁布各种农药在不同农产品中的残留限量标准，即最大残留许可量（MRLS）。在WTO颁布的直接与食品贸易密切相关的两项协定《实施卫生与植物卫生措施协定（SPS）》和《技术性贸易壁垒协定（TBT）》中，CAC制订的农药残留限量标准被认为是可以普遍采用的国际标准，而发达国家也制定和颁布了相关农产品的农药残留限量技术标准，其严格程度，很多超过CAC标准。对尚未确立MRLS标准的农药品种采取0.01mg/kg的严格限量标准。例如CAC对200多种农药制定了3 574项限量标准，欧盟、美国和日本则分别对179、258、229种农药，分别制定了26 052、7 455、9 013项限量标准，进入21世纪后，欧盟每年都数次发布指令更新农药残留限量标准，历次修订的情况分析显示，欧盟在水果上的农药残留限量标准越来越严。2007年8月1日，欧盟将茶叶"农残"受检项目将原来的193项增加至211项，茶叶内硫丹的限量由原来的30mg/kg改为0.01mg/kg，限量标准提高了3 000倍；对211项之外的"农残"项目则采用"默认标准"，其限量值为0.01mg/kg，2008年9月1日，经修订、简化的欧盟农残新规（EC 396/2005）正式生效，涉及1 100种杀虫剂在315种农产品中的最高残留限量，并对现有标准不能覆盖的农药与食品中的残留采用0.01mg/kg的"一律标准"，几乎为现有仪器的最低检测限，其严格程度堪比日本"肯定列表制度"。

日本2006年实施的"肯定列表制度"，规定了15种禁止使用的农业化学品，对799种农药、兽药和饲料添加剂300种农产品，设定了总计54 782个残留限量标准，是原来标准的5.8倍。根据"肯定列表制度"，每种食品农产品涉及的残留限量标准平均为200项，有的甚至超过了400项。如茶叶的检测项目由89个增加到276个，大米的检测项目由129个增加到579个。用国际上最苛刻的标准来限制药残，此举已实实在在成为目前全球最牢固的绿色壁垒，是一个带有极强攻击性、针对性和随意性的贸易壁垒。

第四节　水果质量安全认证

一、认证概念

认证是当前国际通行的农产品和食品质量安全管理手段，它是由处于独立第三方地位并具备一定资质能力的认证机构，对农产品和食品的生产、加工、储运、销售过程是否符合标准或技术规范的要求提供符合性证明的合格评定活动。认证是保证产品、服务、管理体系符合技术法规和标准要求的合格评定活动。当有充分的证据表明申请方有稳定生产合格产品的能力，并且产品质量确实能满足特定的标准和法律、法规、技术规范或标准的要求时，用颁发许可证的形式授予申请方认证证书和认证标志的使用权，在适当的场合和产品上展示，以提高其产品质量的信任度和竞争力。认证的实质是一种市场行为，是用市场力量来引导和规范生产和消费的行为。

1. 无公害果品

无公害果品的生产有严格的标准和程序，主要包括环境质量标准、生产技术标准和产品质量检验标准，经考察、测试和评定，符合标准的方可称为无公害果品。其质量标准：①安全。不含对人体有毒、有害物质，或者将有害物质控制在安全标准以下，对人体不产生任何危害。②卫生。农药残留、硝酸盐含量、"三废"等有害物质不超标，生产中禁用高毒农药，限制使用中等毒性农药，允许使用低毒农药，合理施用化肥。③优质。内在品质好。④营养成分高。严格地说，一般果品都应达到无公害果品标准的要求。

2. 绿色果品

绿色果品必须同时具备以下条件：果品或果品原产地必须符合绿色食品生态环境质量标准；果品的生产及加工必须符合绿色食品的生产操作规程；果品必须符合绿色食品质量和卫生标准；果品外包装必须符合国家食品标签通用标准，符合绿色食品特定的包装、装潢和标签规定。

(1)A 级绿色果品指果品在生态环境质量符合规定标准的产地，生产过程中允许限量使用一些安全性的农药、化肥、生长调节剂，禁止使用硝态氮肥。

(2)AA 级绿色果品指果品在生态环境质量符合规定标准的产地，在生产过程中不使用任何化学合成的肥料、农药、兽药、饲料添加剂、食品添加剂和其他有害于环境和健康的物质。

3. 有机果品

种子或种苗来源于自然界，且未经基因工程技术改造过；在生产加工过程中禁止使用农药、化肥、激素等人工合成物质，并且不允许使用基因工程技术，作物秸秆、畜禽粪肥、豆科作物、绿肥和有机废弃物是土壤肥力的主要来源，作物轮作以及各种物理、生物和生态措施是控制杂草和病虫害的主要手段。考虑到某些物质在环境中会残留相当一段时间，有机果品在土地生产转型方面有严格规定，土地从生产其他果品到生产有机果品需要 2 ~ 3 年的转换期。

这三类果品像一个金字塔，塔基是无公害果品，中间是绿色果品，塔尖是有机果品，越往上标准要求越高。有机果品在数量上进行严格控制，要求定地块、定产量，其他果品没有如此严格的要求。

无公害农产品、绿色食品、有机食品都是经质量认证的安全农产品。无公害农产品是绿色食品和有机食品发展的基础，绿色食品和有机食品是在无公害农产品基础上的进一步提高。无公害农产品、绿色食品、有机食品都注重生产过程的管理，无公害农产品和绿色食品侧重对影响产品质量因素的控制，有机食品侧重对影响环境质量因素的控制。三者在目标定位、质量水平、运作方式和认证方法等方面存在不同。①目标定位：无公害农产品是为了规范农业生产，保障基本安全，满足大众消费；绿色食品是为了提高生产水平，满足更高需求、增强市场竞争力；有机食品则是为了保持良好生态环境，人与自然的和谐共生。②质量水平：无公害农产品达到中国普通农产品质量水平；绿色食品达到发达国家普通食品质量水平；有机食品达到生产国或销售国普通农产品质量水平。③运作方式：无公害农产品采取政府运作，公益性认证，认证标志、程序、产品目录等由政府统一发布，产地认定与产品认证相结合；绿色食品采取政府推动、市场运作，质量认证与商标使用权转让相结合；有机食品属于社会化的经营性认证行为，因地制宜、市场运作。④认证方法：无公害农产品和绿色食品认证依据标准，强调从土地到餐桌的全过程质量控制；检查、检测并重，注重产品质量。有机食品实行检查员检查制度；在国外通常只进行检查，在国内一般以检查为主，检测为辅，注重生产方式。

二、认证作用

开展无公害农产品、绿色食品和有机食品认证是给农产品“冠名”和发放市场“通行证”，也是为全社会和广大消费者提供对农产品质量安全进行监督的标准依据；对企业而言，产品认证是树立形象、打造品牌、占领市场的根本措施。开展产品认证是农产品质量安全工作的主要组织部分，也是推动优质品牌农产品开发的有效措施，更是保护消费者利益的重大举措，有利于推进农业机构调整，提高农产品市场竞争力，增加农民收入；有利于保护农业生态环境，提高食品质量安全水平；有利于打破国际贸易技术壁垒、促进农产品出口；有利于整顿、规范市场经济秩序，促进标准化生产、标识化流通、规范化管理、健康化消费。

1. 推动农业标准化生产

标准是无公害农产品认证的重要依据,无公害农产品认证的过程是依据相关标准和规范对农产品生产进行合格评定的过程。无公害农产品生产操作的每个环节,都要按照规定的技术标准和规范进行,产地环境、投入品使用、产品质量都必须符合国家相关的强制性标准和规范要求。农产品质量安全认证的过程,就是指导企业和农户应用农业标准的过程,一方面促进农业标准和技术法规的制定和完善,实现农业生产和产品检测有标可依;另一方面促进农业技术标准的贯彻和落实,建立稳定、长效的农产品质量安全管理制度。

2. 促进农产品市场发育

通过实施认证,推行市场准入,有利于建立农产品市场诚信制度,发挥市场机制的作用,推动农产品生产与消费对接,促进产地与市场挂钩,从而实现优质优价,使农业发展进入以消费引导生产、市场需求拉动产品开发的良性轨道,最终促进农业增效、农民增收。

3. 促进农产品扩大出口

推行农产品质量安全认证制度,一方面增强企业和农户的质量意识,积极采用先进标准,建立健全质量保障体系,提高产品质量;另一方面,通过农产品、食品认证的国际互认,便于提高产品国际竞争力,促使我国农产品、食品顺利走出国门,解决当前国际农产品及食品贸易遇到的技术壁垒。

4. 提高农业管理与服务能力

农产品质量安全认证是农业生产全程控制、全程管理、全程服务的有机统一。开展农产品质量安全认证,有利于发挥农业技术推广部门的积极作用,有效地为企业和农户提供农产品质量安全生产技术和市场信息服务,丰富农业社会化服务内涵,拓宽服务领域。同时,开展农产品质量安全认证,对生产过程中出现的质量安全隐患及时发现和纠正,对上市农产品及时跟踪和检查,为政府增强农产品质量安全管理能力提供有力手段,使农产品质量安全管理工作逐步实现"三个转变":一是由被动管理向积极预防提升;二是由产品检测向全程管理过渡;三是由终端监管向源头追溯转变。

5. 推动农业可持续发展

开展农产品质量安全认证,有利于提升农业资源和生态环境保护能力,推动农业可持续发展,实现经济效益、社会效益和生态效益的协调统一。通过农业生产全过程的质量安全控制,有利于保护农业生态环境;通过认证农产品的品牌消费,有利于增强全社会的环保意识。在提倡农产品洁净生产的同时,提高生态环境的洁净度；在保障农产品安全的同时，有效控制农业投入品的安全；在增强政府农产品质量安全和生态安全责任的同时，强化企业和农民的责任意识。

三、认证程序

（一）无公害农产品申请程序

1. 无公害农产品申请基本要求

申请人是从事农产品生产、经营、管理的单位或个人，包括企业、农村经济合作组织、专业协会、事业单位、村民委员会或个人等，同时应具备：

（1）有相应的管理机构和专业技术人员。

（2）有无公害农产品质量控制措施。

（3）产地区域范围明确，集中连片，土壤、水源和大气无明显差异，无明显的污染或污染源。

（4）具有一定的生产规模。

2. 无公害农产品申请程序

（1）凡符合无公害农产品认证条件的单位和个人，可以向所在地县级农产品质量安全工作机构提出无公害农产品产地认定和产品认证申请，并提交以下材料：

1）《无公害农产品认证申请书》。

2）《无公害农产品产地认定证书》（复印件）。

3）产地《环境检验报告》和《环境现状评价报告》（2 年内的）。

4）产地区域范围和生产规模。

5）无公害农产品生产计划。

6）无公害农产品质量控制措施。

7）无公害农产品生产操作规程。

8）专业技术人员的资质证明。

9）保证执行无公害农产品标准和规范的声明。

10）无公害农产品有关培训情况和计划。

11）申请认证产品上个生产周期的生产过程记录档案（投入品的使用记录和病虫草鼠害防治记录）。

12）“公司加农户”形式的申请人应当提供公司和农户签订的购销合同范本、农户名单以及管理措施。

13）要求提交的其他材料。

（2）县级工作机构自收到申请之日起10个工作日内，负责完成对申请人申请材料的形式审查。符合要求的，在《无公害农产品产地认定与产品认证报告》以下简称《认证报告》）签署推荐意见，区级连同申请材料报送地级工作机构，县级直接报送省级工作机构审查。不符合要求的，书面通知申请人整改、补充材料。

（3）地级工作机构自收到申请材料、县级工作机构推荐意见之日起15个工作日内，对全套申请材料进行符合性审查，符合要求的，在《认证报告》上签署审查意见报送省级工作机构。不符合要求的，书面告之区级工作机构通知申请人整改、补充材料。

（4）省级工作机构自收到申请材料及县、地两级工作机构推荐、审查意见之日起20个工作日内，应当组织或者委托地县两级有资质的检查员按照《无公害农产品认证现场检查工作程序》进行现场检查，完成对整个认证申请的初审，并在《认证报告》上提出初审意见。通过初审的，报请省级农业行政主管部门颁发《无公害农产品产地认定证书》，同时将申请材料、《认证报告》和《无公害农产品产地认定与产品认证现场检查报告》及时报送部直各业务对口分中心复审。未通过初审的，书面告之地、县级工作机构通知申请人整改、补充材料。

（5）农业部农产品质量安全中心对材料审核、现场检查（限于需要对现场进行检查时）和产品检测结果符合要求的，自收到现场检查报告和产品检测报告之日起，30个工作日内颁发无公害农产品认证证书。不符合要求的，应当书面通知申请人。

无公害农产品认证证书有效期为3年。期满需要继续使用的，应当在有效期满90日前按照无公害农产品复查换证的要求，进行复查换证。

（二）绿色食品申请程序

1. 绿色食品生产具备的条件

（1）产品或产品原料产地必须符合绿色食品生态环境质量标准。

（2）生产加工过程必须符合绿色食品的生产操作规程。

（3）产品必须符合绿色食品质量和卫生标准。

（4）产品外包装必须符合国家食品标签通用标准，符合绿色食品特定的包装、装潢和标签规定。

2. 绿色食品申请程序

凡具备绿色食品生产条件的单位和个人，出于自愿申请使用绿色食品标志者,可按以下程序办理。

(1)申请单位向省级绿色食品发展中心提出书面申请。

(2)省级绿色食品发展中心收到申请报告后,组织专人到实地进行考察,调查核实申请单位的原料基地的环境状况、产品生产过程中的质量控制情况,并写出考察报告。

(3)省级绿色食品发展中心委托通过省级以上计量认证的环境监测机构对申请产品的原料基地进行环境质量实地监测,并写出评价报告。

(4)监测合格的单位按要求认真填写中国绿色食品发展中心的《绿色食品标志使用申请书》和《企业及生产情况调查表》,连同产品注册商标文本复印件共一式两份,一并报送省级绿色食品发展中心。

(5)省级绿色食品发展中心对以上材料进行初审,然后将初审合格的材料上报中国绿色食品发展中心审核。

(6)中国绿色食品发展中心会同权威的环保机构,对申报材料进行审核。合格者由中心指定的食品监测机构对其申报产品进行抽样,并依据绿色食品质量和卫生标准进行检测;不合格者当年不再受理其申请。

(7)中国绿色食品发展中心对质量和卫生检测合格的产品进行综合审查(含实地核查),并与符合条件的申请人签订《绿色食品标志使用协议书》;同时,企业须按《绿色食品标志设计标准手册》要求,将带有绿色食品标准的包装方案报中国绿色食品发展中心审核,最后由农业部颁发绿色食品标志使用证书及编号,报国家工商行政管理总局备案,同时公告于众。

(8)绿色食品使用证书有效期为3年。在此期间,绿色食品生产企业须接受中国绿色食品发展中心委托的监测机构对其产品进行抽检,并履行《绿色食品标志使用协议书》。期满后若欲继续使用绿色食品标志,须于期满前半年重新办理申请手续。

(三)有机食品申请认证程序

1. 有机食品认证基本要求

(1)生产基地在最近3年内未使用过农药、化肥等违禁物质。

(2)种子或种苗来自自然界,未经基因工程技术改造过。

(3)生产基地应建立长期的土地培肥、植物保护、作物轮作和畜禽养殖计划。

(4)生产基地无水土流失、风蚀及其他环境问题。

(5)产品在收获、清洁、干燥、储存和运输过程中应避免污染。

(6)从常规生产系统向有机生产转换通常需要2年以上的时间;新开荒地、撂荒地需要至少12个月的转换期才有可能获得颁证。

(7)在生产和流通过程,必须有完善的质量控制和跟踪审查体系,并有完整的生产和销售记录档案。

2. 有机食品认证程序

(1)申请者向国家环境保护总局有机食品发展中心(OFDC)索取申请表。

(2)申请人将填好的申请表传回中心,中心根据申请表所反映的情况决定是否受理。若同意受理,则书面通知申请人。申请人向中心交纳申请费后,中心将全套调查表及有关资料寄给申请人。

(3)申请人将填好的调查表寄回中心,中心将对返回的调查表进行审查,若未发现有明显违反有机食品颁证标准的行为,将与申请人签订审查协议。一旦协议生效,中心将派出检查员,对申请人的生产基地、加工厂及贸易情况等进行现场审查(包括采集样品)。

(4)检查员将现场检查情况写成正式报告送中心颁证委员会。

(5)颁证委员会定期召开会议,对检查员提交的检查报告及相关材料依照有关程序和规范进行评审,并写出评审意见。通常有以下几种不同的颁证结果:①同意颁证。申请者的产品若全部符合有机食品认证要求,可以分别颁发"OFDC有机农场证书"或"OFDC有机加工证书"以及"OFDC有机贸易证书"。在此情况下,申请者申请认证的产品可以作为有机产品销售。②有条件颁证。申请者的某些生产条件或管理措施需要改进,只有在申请者的这些生产条件或管理条件满足认证要求,并经中心确认后,才能获得颁证。③不能获得颁证。生产者某些生产环节、管理措施不符合有机生产标准,不能通过中心认证。在此情况下,颁证委员会将书面通知申请人不能颁证的原因。④有机农场转换证书。如果申请人的生产基地是因为在一年前使用了禁用物质或生产管理措施尚未完全建立等原因而不能获得颁证,其他方面基本符合要求,并且打算以后完全按照有机农业方式进行生产和管理,则可颁发"有机农场转换证书",从该基地生产的产品可作为有机转换产品销售。

(6)给通过认证的有机生产、加工和贸易者颁发销售证书,并签订OFDC标志使用协议。

3. 申请认证注意事项

(1)OFDC有机认证证书的有效期为2年。

(2)OFDC认证的基本要求是从产品生产基地到产品销售全过程跟踪审

查，对作物已收获的基地一般不再受理认证。因此，宜尽早申请，只要确定了生产基地，即可申请预审查。

(3)有效期满前3个月需重新办理申请认证手续。

第三章　水果生产环境质量安全控制

水分、土壤、空气和阳光是水果等各种作物生长的必要条件，正是这些自然要素与其他要素的协调作用构成了水果生长的环境条件。其中，水是水果生长的“生命之源”，可依靠大气降水、地表水、土壤水和地下水供给。土壤也是必不可少的条件，它为水果提供营养和肥料。空气和阳光不仅保证了水果光合作用的进行，同时也决定了气候条件和生长温度。

我国北方地区主要是温带大陆性气候，局部地区是高原气候。温带大陆性气候的形成原因主要是离海洋远，海洋上的湿润气流难以到达，终年受大陆气团控制。气候的基本特征：①冬季寒冷，夏季温热。气温年较差大，气温日较差亦大。最冷月出现在1月，最热月在7月，春温高于秋温。②降水量少，而且季节分配不均，集中在夏季。降水的年际变化大。

良好的生长环境是确保水果质量安全的前提和基础。近些年来，随着经济和农业集约化的快速发展，农产品产地的环境污染问题日益突出，农产品的环境安全问题也引起了人们的广泛关注。

当前我国农业环境受到了很大的污染，主要是重金属的污染以及有机物污染。这些污染大部分来自工厂“三废”的排放，以及有机肥料、磷肥、农药等大量的使用，此外还有空气污染各种颗粒之沉降等。这些环境污染对水果等种植业的生产和质量安全造成了很大危害。使我国水果的生产土壤、农田水系以及大气质量严重退化。

第一节　环境污染对水果生产的影响

一、大气污染对水果生产的影响

大气污染是指大气中污染物质的浓度达到有害程度，以致破坏生态系统和人类正常生存和发展的条件，对人、动植物造成危害的现象。

大气污染主要种类：

1. 总悬浮颗粒物

又称总悬浮微粒（TSP）。指用标准大容量颗粒采集器在滤膜上收集到的颗粒物的总质量。大气中 TSP 的组成十分复杂，而且变化很大。其主要来源为燃煤排放烟尘、工业废气中的粉尘及施工地面扬尘。它与气体污染物二氧化硫的协同影响，削弱日光的照射和空气能见度，使空中多云、多雾、浑浊，沉降于土壤和植物上被植物吸收，导致减产或品质下降。

2. 二氧化硫

主要来源一是含硫燃料（如煤和石油）的燃烧；二是含硫矿石（特别是含硫较多的有色金属矿石）的冶炼；三是化工、炼油和硫酸厂等的生产过程。其危害一是二氧化硫主要通过气孔进入植物内部，导致叶片褪绿和叶脉间出现褐色斑块，并逐渐坏死，造成树枝尖端干枯及叶片过早凋落，损害植物的正常生长；二是二氧化硫的大量排放，会导致酸雨的形成。但另一方面，当二氧化硫被植物吸收后，可形成亚硫酸盐，然后再氧化成硫酸盐，变成对植物生长有用的营养物质。所以，只要大气中二氧化硫的浓度不超过一定限度，并能有充分的时间使亚硫酸盐转化为硫酸盐，那么植物叶片就能不断吸收大气中的二氧化硫。此外，随着叶片的衰老凋落，所吸收的硫元素也一同落到地上，为土壤所吸收，因而在植物叶枯叶荣的周期变化中，就可不断地将空气中的硫转移到土壤中，这样，在大气与地面中形成了循环，使空气不断得以净化。

3. 氮氧化物

主要来源于工业企业（火力发电、石油化工、燃煤工业等排放）和交通运输（汽车、火车、轮船燃烧的汽油、柴油或煤，排出大量氮氧化物），包括多种化合物：一氧化氮、一氧化二氮、二氧化氮、三氧化二氮、四氧化二氮、五氧化二氮。除二氧化氮以外，其他氮氧化物均极不稳定，遇光、湿或热最终变成二氧化氮。氮氧化物对植物的危害与二氧化硫相似。

4. 氟化物

包括氟化氢、氟化硅、氟硅酸和氟化钙微粒等，其中以氟化氢为代表，是国内外常见的危害植物的污染物。凡使用的矿石中含有氟的工厂，如铝厂、钢铁厂、玻璃厂和陶瓷厂都可以排出氟化物。氟化物对植物的毒性比二氧化硫大10～1000倍，而且比重比空气小，扩散距离远，往往在较远距离也能危害植物。植物受害后，主要是嫩叶、幼芽上首先发生症状，叶片褪绿，叶尖或叶缘出现伤区，伤区与非伤区之间常有一红色或黑褐色的边界线，有的植物表现为大量落叶。

二、水体污染对水果生产的影响

水体污染是指排入水体的污染物在数量上超过了该物质在水体中的本底含量和自净能力即水体的环境容量，从而导致水体的物理特征、化学特征发生不良变化，破坏了水中固有的生态系统，破坏了水体的功能及其在人类生活和生产中的作用。

1. 水体污染源

①工业污染源。是水体最重要的污染源，具有量大、面广、成分复杂、毒性大，不易净化、难处理等特点。②生活污染源。主要是生活中各种洗涤水，最大特点是含氮、磷、硫多，细菌多，用水量具有季节变化规律。③农业污染源。包括牲畜粪便、农药、化肥等。具有两个显著特点，一是有机质、植物营养素及病原微生物含量高；二是农药、化肥含量高。

2. 水体污染的危害

①影响土壤性质。污水灌溉改变土壤 pH 值、微生物活动等间接影响植物生长。②影响作物生长。水果受碱性危害时，地上部生长受抑制，引起缺锌症状，生育停滞，叶片出现赤枯状斑点。因铁、锰、铜等重金属浓解度大为降低，对于某些营养元素不足的土壤，导致营养缺乏症状发生。在酸过强情况下，土壤表面呈赤褐色，为铁、铝溶出的结果，在这种情况下，水果吸收铁过多，会产生营养障碍，大量的活性铝对植物根的生育有抑制作用。③影响人体健康。某些有害化学物质在产品内积累，通过食物链对人类的健康造成危害。

三、土壤污染对水果生产的影响

土壤污染是指因人类活动，造成一些对人类及动、植物有害的化学物质进入土壤，其积累数量和速度超过土壤净化速度的现象。

1. 重金属污染

汞、镉、铅、砷、铬等重金属。

2. 化肥污染

一是长期偏施氮肥，忽视磷肥、钾肥和有机肥的施用，加剧了土壤营养元素的结构性失调。二是盲目增加化肥施用量，主要表现在经济发达、复种指数高的蔬菜种植地区。三是施肥方式不当，磷肥撒施，化肥表施，忽视施肥安全期。长期过量、不均衡施用化肥，严重污染了农业生产环境，直接影响了农产品生产安全。

化肥污染主要表现，一是残留在土壤中的化肥被雨水冲刷后汇入水体，加剧了水体的“富营养化”，恶化水质。二是土壤中某些营养元素结构性过剩，破坏土壤的内在平衡，造成土壤对其他元素的吸收性能下降，从而降低农产品品质。三是化肥中的氮元素进入大气后，增加了“温室气体”，导致环境温度升高。

3. 农药污染

使用农药后，残存在植物体内、土壤和环境中的农药及其有毒代谢物的量称为农药残毒。如果未按照国家安全使用规定施用农药和进行农产品采收，或违反国家规定使用高毒农药，农产品就会有农药残毒，就会对食用者身体健康造成危害，会造成身体不适、呕吐、腹泻甚至导致死亡的严重后果。

4. 农用塑料残膜污染（白色污染）

农用塑料地膜在自然环境条件下难以降解，随着农膜的老化、破碎、回收不净，农田的残膜量不断增加。残留的地膜在土壤中形成隔层，阻碍作物根系对水肥的吸收和生长发育，引起农作物减产。

第二节　水果生产基地环境质量评价

产地环境质量现状评价是判断无公害农产品生产基地环境质量是否符合无公害农产品生态环境标准的主要依据，应该遵循以下原则：①评价应在该区域性环境初步优化的基础上进行，同时不应该忽视农业生产过程中的自身污染。②要从严掌握各项环境质量标准（空气、水质、土壤），依据相关标准评价产地环境质量合格与否。③在全面反映产地环境质量现状的前提下，突出对产品生产危害较大的环境因素（严控指标）和高浓度污染物对环境质量的影响。

产地环境质量现状评价因子具体为：

1. 水质评价因子

(1)严控指标。氰化物、氟化物、总汞、总砷、总铅、总锡、铬(六价)。

(2)一般控制指标。石油类、氯化物、pH 值、细菌总数、类大肠菌群数、蛔虫卵数。

农用水源环境质量的评价,依据国家相关标准和《农用水源环境质量监测技术规范》(NY/T 396—2000),针对种植业产品种类采用农业行业的农用水源标准评价,同时要考虑所用水源的主要污染物来源,合理设置监测采样点,以保证采样点能真实全面地反映农田灌溉用地面水源和地下水源质量。

2. 土壤评价因子

(1)严控指标。汞、砷、铅、镉、铬、六六六、滴滴涕。

(2)一般控制指标。铜、重金属总量、锌、镍、pH 值。

土壤环境质量评价,依据国家相关标准和《农田土壤环境质量监测技术规范》(NY/T 395—2000)和农业行业的相关种类的无公害农产品产地条件土壤环境指标开展评价。

要紧紧围绕土壤环境的特点来进行,其基本目的是查清土壤是否被污染,鉴别土壤污染程序及其影响因素,预测土壤对植物生产影响的发展趋势,最终目的是确保土壤环境质量能满足无公害农产品生产。

3. 空气评价因子

(1)严控指标。氟化物、二氧化氮、二氧化硫、铅。

(2)一般控制指标。总悬浮颗粒物。

空气环境质量的评价,依据国家相关标准和《农区环境空气质量监测技术规范》(NY/T 397—2000),针对种植业产品种类采用农业行业的空气环境质量标准评价。同时应考虑当地空气主要污染物来源,合理地设置监测采样点,以保证采样点能真实全面地反映生产基地的空气环境质量。

第三节　无公害水果生产基地选择

良好的产地环境,是进行无公害(绿色)果品生产的基础。产地应选择空气清新、水质纯净、土壤未受污染,具有良好农业生态环境的地区,产地要求土壤肥沃、旱涝保收,具有可持续的生产能力。应远离工矿区和公路铁路干线,周边 3km 以内应无污染(包括工矿、医院等污染源),果园河流或地下水的上游,无排放有毒物质的工厂,土壤中不含天然有害的物质,园址距主干公路 50m 以上,其大气、土壤应当具备农业部关于无公害果品生产基地所要求的环境条件。

对大气的要求——产地的周围不得有大气污染源，特别是上风口没有污染源；不得有有害气体排放，生产生活用的燃煤锅炉需要除尘除硫装置，大气质量要求稳定，符合无公害水果生产大气环境质量标准。

对水环境的要求——生产用水质量要有保证；产地应选择在地表水、地下水水质清洁无污染的地区；水域、水域上流没有对该产地构成污染威胁的污染源；生产用水质量符合无公害水果生产水质环境质量标准。

对土壤的要求——产地土壤元素位于背景值正常区域，周围没有金属或非金属矿山，并没有农药残留污染，同时要求具有较高的土壤肥力。土壤质量符合无公害水果生产土壤质量标准。

1. 环境空气质量标准

种植基地空气质量稳定，符合国家《环境空气质量标准》(GB 3095)中所列的一级标准。根据农业行业标准《绿色食品　产地环境质量标准》(NY/T 391—2000)要求，绿色果品生产基地环境空气质量标准应满足表3－1。该污染物指标包括总悬浮颗粒物、二氧化硫、氮氧化物、氟化物等。

表3－1　环境空气质量标准（mg/m^3 标准状态）

污染物名称	浓度限值(mg/m^3)			
	取值时间	一级标准	二级标准	三级标准
总悬浮颗粒物	日平均	0.15	0.30	0.50
	任何一次	0.30	1.00	1.50
飘尘	日平均	0.05	0.15	0.25
	任何一次	0.15	0.50	0.70
	年平均	0.002	0.06	0.10
二氧化硫	日平均	0.05	0.15	0.25
	任何一次	0.15	0.50	0.70
氮氧化物	日平均	0.05	0.10	0.15
	任何一次	0.10	0.15	0.30
一氧化碳	日平均	4.00	4.00	6.00
	任何一次	10.00	10.00	20.00
光化学氧化剂(O_3)	一小时平均	0.12	0.16	0.20

注：①日平均指任何一日的平均浓度；②一小时平均指任何一小时的平均浓度；③连续

采样3天,一日3次,早晨、中午和傍晚各1次;④氟化物采样可用动力采样滤膜法或石灰滤纸挂片法,分别按各自规定的浓度限值执行,石灰滤纸挂片法挂置7天。

为保护自然生态和人体健康,在长期接触的情况下,不发生任何危害影响的空气质量要求为一级标准。生产无公害果品的环境质量应达到一级标准。

2. 土壤环境质量标准

土壤污染源主要有:①水污染,它是由工矿企业和城市排出的废水、污水污染土壤所致。②大气污染,由工矿企业以及机动车船排出的有毒气体被土壤吸附。③固体废弃物,由矿渣及其他废弃物进入土壤造成的污染。④农药、化肥污染。土壤中污染物主要是有害重金属和农药。因此,果园土壤监测的必测项目是汞、镉、铅、砷、铬5种重金属和六六六、滴滴涕2种农药及土壤pH值。其中,土壤中六六六、滴滴涕残留标准均不得超过0.1mg/kg,5种重金属残留标准因土壤质地而有所不同。土壤污染程度的划分,主要依据测定的数据计算污染综合指数来定。土壤污染程度,共分为5级,如表3-2所示。

表3-2 土壤污染级别的划分及危害特点

级别	污染综合指数	类型	危害特点
1	≤0.7	安全级	土壤无污染
2	0.7~1	警戒级	土壤尚清洁
3	1~2	轻污染	土壤污染超过背景值,果树开始被污染
4	2~3	中污染	果树被中度污染
5	>3	重污染	果树被严重污染

只有1~2级的土壤才能作为生产无公害(绿色)水果生产基地。另外,对于汞、镉、铅、铬、铜的含量要求见表3-3。

表3-3 土壤中各项污染物的含量限值(mg/kg)

限值	项目		
	pH值<6.5	pH值6.5~7.5	pH值>7.5
镉	0.30	0.30	0.40
汞	0.25	0.30	0.35
砷	25	20	20
铅	50	50	50
铬	120	120	120
铜	25	30	30

3. 绿色果园土壤肥力要求

为了提高果品质量，增施有机肥，培肥地力非常关键。生产 AA 级绿色食品时，转化后的耕地土壤肥力要达到表 3－4 中土壤肥力Ⅰ～Ⅱ级指标。生产 A 级绿色食品时，土壤肥力作为参考指标。

表 3－4　绿色果园土壤肥力分级参考指标

项目	Ⅰ	Ⅱ	Ⅲ
有机质（g/kg）	＞15	10～15	＜10
全氮（g/kg）	＞1.0	0.8～1.0	＜0.8
有效磷（mg/kg）	＞10	5～10	＜5
有效钾（mg/kg）	＞120	80～120	＜80
阳离子交换量（cmol/kg）	＞20	15～20	＜15
质地	轻壤、中壤	沙壤、重壤	沙土、黏土

4. 果园灌溉水质和水源

绿色果园灌溉水质要求清洁无毒，其具体标准，应按照国家制定的《农田灌溉水质标准》（GB 5084—2005）执行。灌溉水中各项污染物含量不应超过表 3－5所列的浓度值，其主要指标有 pH 值、总汞、总镉、总砷、总铅、铬（六价）、氟化物等。

表 3－5　果园灌溉水中各项污染物的浓度限值（mg/L）

项目	极限浓度
pH 值	5.5～8.5
汞	0.001
镉	0.005
砷	0.05
铅	0.1
铬	0.1
氯化物	250
氟化物	3.0
氰化物	0.5

总之，无公害（绿色）果品是目前生产的发展方向，其重要标准之一是安全、无污染。在果品生产中，要加强生态环境污染的控制和保护生态环境；推广生

物防治技术,采用生物农药或无公害农药代替剧毒、高毒、高残留农药;施用有机肥、腐殖酸类、微生物肥等,尽量减少对环境的人为的不良干预;严格按照国家对空气、水质和土壤环境质量以及绿色果品制定的标准要求,加强科学监测,以保证果品安全、无污染的质量要求。

第四节　无公害水果产地环境质量监测

无公害水果产地环境监测的对象包括水和大气、土壤。

一、水质监测

1. 布点原则

布点应在调查研究和收集资料的基础上进行,水质监测点的布设应重点放在产品生产过程中对其质量有直接影响的水源,布点数的多少以能控制整个监测区域为原则。如对于水资源丰富,水质相对稳定的同一水源(系),样点布设1~3个,若不同水源(系)则依次叠加;水资源相对贫乏、水质稳定性较差的水源,则根据实际情况适当增设采样点数。

2. 布点方法

①灌溉水系监测断面设置方法:对于常年宽度大于30m、水深大于5m的河流,应在所定监测断面上分左、中、右三处设置采样点,采样时应在水面0.3~0.5m处各采分样一个,分样混匀后作为一个水样测定;对于一般河流,一般可在确定的采样断面的中点处,在水面下0.3~0.5m处采一个水样即可。②湖、库、塘、洼的布点方法:$10hm^2$以下的小型水面,一般在水面中心处设置一个取水断面,在水面下0.3~0.5m处采样即可;$10hm^2$以上的大中型水面,可根据水面功能实际情况,划分为若干片,按上述方法设置采样点。③引用地下水进行灌溉的,在地下井取水处设置采样点。

3. 采样时间与频率

在生长过程中灌溉用水的主要灌期采样一次。

二、空气监测

空气监测中经常是同一地点不同时刻,或同一时刻不同空间位置所测定的污染物的浓度不同,所以要十分注意监测(采样)地点和时间的选择。

1. 监测点分布原则

进行产地环境空气质量监测的地区，可根据当地生物生长期内的主导风向，重点监测可能对产地环境造成污染的污染源的下风向。

2. 采样时间和频率

由于大气污染物浓度时空分布变化大，要求有较长采样时间和较高的采样频率，否则，监测结果的代表性差，甚至不具代表性，但由于条件所限，采样时间和频率不可选得太长、太高。产地大气监测主要安排在大气污染对产品生产质量影响较大的时期。

3. 监测点数量及设置

空气监测点设置在沿主导风走向 45°～90° 夹角内，各监测点间距一般不超过 5km。监测点应选择在远离树木、城市建筑及公路、铁路的开阔地带，各监测点之间的设置条件相对一致，保证各监测点所获数据具有可比性。①产地布局相对集中、面积较小、无工矿污染源的区域，布设 1～3 个采样点。②产地布局较为分散、面积较大、无工矿污染源的区域，布设 3～4 个采样点。③样点的设置数量还应根据空气质量稳定性以及污染物对原料生长的影响程度适当增减。

4. 免测空气的地域

①产地周围 5km、主导风向 20km 内没有工矿企业污染源的地域。②矿泉水、纯净水、太空水、π 化水等水源地。③保护地栽培生产区：只测保护地（温室大棚）外空气。

三、土壤监测

1. 布点前调查

针对土壤质量问题开展的监测工作，应当保证样品的代表性。因污染土壤的问题与污染物成分、污染源及其传播污染物的方式有关，在采集样品时需先做现场调查，搞清污染源的范围、面积，再做布点安排。

在土壤质量监测调查中，首先应准备调查区的土壤图、行政区划图、交通图等；应准备工矿企业及污染源分布图。此外，还必须组织当地群众与主要部门有关人员一起观察土壤污染及分布情况。

2. 布点方法

①在环境因素分布比较均匀的监测区域，采取网格法或梅花法布点。②在环境因素分布比较复杂的监测区域，采取随机布点法布点。③在可能受污染的

监测区域，可采用放射法布点。

3. 样点数量

监测区域的样点数应根据监测目的、要求，土壤污染分布情况和面积大小，以及数理统计、土壤环境质量现状评价的要求而定，布点数以能控制整个监测区域为原则。①大田种植区。对集中连片的大田种植区，产地面积在2 000 hm^2以内，布设3～5个采样点；面积在2 000 hm^2以上，面积每增加1 000 hm^2，增加一个采样点。如果大田种植区相对分散，则适当增加采样点数。②设施种植业区。产地面积在300 hm^2以内，布设3～5个采样点；面积在300 hm^2以上，面积每增加300 hm^2，增加1～2个采样点。

第四章　水果生产过程中的质量安全控制

第一节　农药、肥料的使用

在水果生产中，农药和肥料是造成果品污染、影响果品食用安全的主要原因，因此，在无公害果品生产中，应严格控制农药和肥料的投入。

一、肥料的使用

无公害果品生产中，应根据土壤肥力和树种的需肥规律，确定施肥种类和施肥量，提倡配方施肥。施肥应以有机肥为主，化肥为辅。商品肥料必须通过国家有关部门的登记认证及生产许可，质量指标应达到国家有关标准的要求。禁止使用未获准登记的化学合成肥料产品，确保所使用的肥料不对果品和生产环境产生不良影响。

（一）禁止使用的肥料

（1）未获准登记认证及生产许可的肥料产品。

（2）含氯复合肥和硝态氮肥（如硝酸铵等）。

（3）未经无害化处理的城市垃圾或含有重金属、橡胶和有害物质的工业和生活废物。

（二）允许使用的肥料

1. 有机肥料

是指含有大量生物物质、动植物残体、排泄物、生物废物等物质的肥料。

（1）农家肥。包括堆肥、沤肥、沼气肥、绿肥、泥肥、饼肥、作物秸秆等。

（2）有机商品肥。包括氨基酸类肥、腐殖质类肥、有机复合肥、有机叶面肥、微生物肥等。

（3）其他有机肥。不含化学添加剂的食品和纺织工业的有机副产品、不含防腐剂的鱼粉、牛羊毛废料、骨粉、骨胶废渣、氨基酸残渣、家禽和家畜加工废料等，经过加工制作，质量达到国家有关标准的要求。

2. 无机肥料

（1）矿质肥。煅烧磷酸盐、硫酸钾等。

（2）化肥。通过国家有关部门的登记认证及生产许可，质量指标应达到国家有关标准的要求，确保不对果品和生产环境产生不良影响的化学合成肥料。

（三）肥料使用原则

无公害水果生产中，施肥应坚持6个“原则”、实行1个“限量”、3个“禁止”。坚持6个“原则”：坚持以测土配方施肥为主的原则，坚持以底肥为主的原则，坚持以有机肥为主、化肥为辅的原则，坚持以农田土壤中养分输入输出相平衡的原则，坚持农家渣肥及人、畜粪便以腐熟达到无公害应用标准的原则，坚持施用经农业主管部门登记或免于登记的商品有机肥、微生物肥、化肥和叶面肥的原则。实行1个“限量”：限量使用尿素、碳酸氢铵、硫酸铵、磷肥、钾肥、硼、钼、锌等化肥及微肥。3个“禁止”：禁止使用未经无害化处理的城市垃圾或含有重金属、橡胶和有害物质的垃圾，禁止使用含氯复合肥、硝态氮肥和未腐熟的人粪尿，禁止使用未获准登记的肥料产品。

1. 早施基肥

每年于9月结合扩穴、秋耕，每株按1kg果1kg有机肥、全年1/3～1/2的追肥（果树专用复合肥）的标准，与熟土、覆草混合作基肥施入根部。施肥方法是前3年采用条沟施，3年后采用撒施或放射状沟施。

2. 巧施追肥

前2年以促进生长，扩大树冠为主，可在发芽前或春梢旺长前追施氮素，在秋梢旺长前追施果树专用肥，每次株施0.1～0.2kg；2年后，以促花结果为主，可在萌芽前、花芽分化期、果实膨大期、秋梢停长后追施，全年2～4次，5月下旬前以氮肥为主，中期氮、磷、钾配合，7月后以磷钾肥为主，每次株施0.5～1kg，采用环状浅沟施或环穴沟施。

3. 根外追肥

从展叶开始，每隔20天左右进行1次，结合喷药全年可进行6～8次。6月前以喷0.3%～0.5%尿素为主，后期以喷0.3%～0.5%的磷酸二氢钾为主，最后一次必须在果品收获前20天施用，防止对果品的污染。

二、农药的使用

对于果园病虫害防治要坚持以下原则：①要坚持“以防为主，综合防治”的植保方针。②要以改善果园生态环境，加强栽培管理为基础。③优先选用农业和物理防治,积极进行生物防治。④注意保护利用天敌,充分发挥天敌的自然生态调控作用。⑤按照病虫害的发生规律和经济阈值,科学使用化学防治技术。⑥选用高效生物制剂和低毒化学农药,并注意轮换使用,改进用药技术,最大限度地降低农药用量,以减少污染和残留。

1. 农业防治

栽植优质无病毒苗木;通过加强肥水管理、合理负载保持树体健壮,提高抗病力;合理修剪,保证树体通风透光,恶化病虫生长环境;剪除病虫叶、果、枝,清除枯枝落叶,刮除树干老翘裂皮,人工捕捉、翻树盘、覆草、铺地膜,减少病虫源,降低病虫基数;果实套袋,减少病虫、农药感染;不与不同种果树混栽,以防次要病虫上升为害;果园周围5km范围内不栽植桧柏,以防锈病流行等。

2. 物理防治

根据病虫害生物学特性,采取糖醋液、黑光灯、树干缠草把、涂黏着剂、遮防虫网等诱杀害虫。

3. 生物防治

人工释放赤眼蜂。助迁和保护瓢虫、草蛉、捕食螨等昆虫天敌。应用有益微生物及其代谢产物防治病虫,如土壤施用白僵菌防治桃小食心虫。利用昆虫性外激素诱杀或干扰成虫交配。

4. 化学防治

禁止使用剧毒、高毒、高残留农药、有"三致"(致畸、致癌、致突变)作用和无"三证"(农药登记证、生产许可证、生产批号)的农药。提倡使用生物源农药和矿物源农药。科学合理使用新型高效、低毒、低残留农药。任何农药产品都不得超出农药登记批准的使用范围,严格控制农药的安全间隔期、施药量和施药次数,注意不同作用机制的农药交替使用和合理混用,避免害虫、致病菌产生抗性。

农药使用遵循以下原则:①加强病虫害的预测预报,有针对性地适时用药,未达到防治指标或益虫与害虫比例合理的情况下不使用农药。②根据天敌发生特点,合理选择农药种类、施用时间和施用方法,保护天敌。③注意不同作用机制农药的交替使用和合理混用,以延缓病菌和害虫产生抗药性,提高防治效果。④严格按照规定的浓度、每年使用次数和安全间隔期要求施用,施药均匀周到。⑤国家明令禁止使用的农药有:有机氯类的六六六、滴滴涕(包括含滴滴涕的三氯杀螨醇)、毒杀芬、二溴乙烷、二溴氯丙烷;甲基甲脒类的杀虫脒;除草醚,艾氏剂,狄氏剂,汞制剂,砷(有机胂类杀菌剂,如福美胂)、铅类,敌枯双,氟乙酰胺,氟乙酸钠,甘氟,毒鼠强,毒鼠硅等农药。⑥不得在果树上使用的农药有甲胺磷、甲基对硫磷、对硫磷(一六零五)、久效磷、磷胺、甲拌磷(三九一一)、乙拌磷、甲基异柳磷、特丁硫磷、甲基硫环磷、治螟磷、内吸磷、灭线磷、硫环磷、蝇毒磷、地虫硫磷、氯唑磷、苯线磷等有机磷类农药和克百威、涕灭威、灭多威等氨基甲酸酯类农药及氧乐果、砒霜、赛力散等。禁止在果树上使用的植物生长调节剂主要有比久、萘乙酸、2,4-D等。禁止在果树上使用的除草剂主要有苯氧乙酸类(2,4-D、MCPA和它们的酯类、盐类)、二苯醚类(除草醚、草枯醚)、取代苯类除草类(五氯酚钠)除草剂。

第二节　苗木的选择

果树苗木的选择使用,对无公害果品生产起到关键性的基础作用,要注意以下几点:

1. 品种选择

分析比较各树种和品种的适宜栽培条件,结合自己的土地状况,选择市场前景好并经生产实践验证后适合推广的抗性较强的品种,既要考虑消费市场的需求,品质优良、适销对路,又要选择高抗、耐旱、耐寒、耐瘠薄的品种,以减少生产过程中农药和肥料的投入,保障果品质量安全。

2. 苗木购买

果树种子苗木良种的选育、引进(包括果树生产的苗木、砧木种子、接穗、插条及其他繁殖材料),要选择经省级果树品种审定委员会审定认可的品种,而且要到正规苗木科研单位选购,保证品种的优良纯正。

3. 严格检疫

无论自繁还是调运苗木,必须严格按照《植物检疫条例》规定办理植物检疫,选择使用的苗木,要无严重机械损伤,无国家规定的检疫性病虫害,严禁从疫区调进果树苗木,防止危险性病虫的传播蔓延。

4. 选用无毒苗木

研究表明,果树病毒是引起果树病害的重要病原物之一,果树病毒病之多次于真菌病害。无论哪种果树,一旦被病毒感染将终生带毒并一直受害,轻者影响树体的生理代谢,造成生长衰退,产量和质量下降,严重时可导致整株死亡。目前还没有能够有效防治病毒病害的化学药剂和生物制品,因此,对无公害果园要增强其强逆性,减少病原物的侵染,选择无病毒苗木,确保苗木优良园艺性状与生产性能的同时,减少病虫害发生和农药使用。

第三节　水果安全生产规程

一、无公害苹果生产技术规程

(一)果园建立

1. 园地选择

要选择土层深厚、疏松的土壤条件建园,避免在排水不良、土壤浅薄、霜冻严重的地方选址。避免在高污染源的工矿企业附近建园。在老苹果园基地建园时,不允许使用溴化物、氯化物等有害物质对土壤进行栽前消毒处理。

2. 品种选择

考虑品种的优良性状及市场需求外,在可能的情况下优先选用抗逆性强的品种。如在低海拔丘陵坡地果园要选用对早期落叶病、轮纹病抗性较好的品种;在比较干旱缺水的地区要选用抗旱性较好的品种;山地则要注意抗寒性。遵照适地适栽的原则,如不利于着色的立地条件就不宜选用着色差的品种。

3. 砧木的选择

新栽果园尤其是水肥条件较好的平地建园,大力提倡推广使用矮化砧木,实现矮化密植栽培。重点推荐使用 M26、M9T337 和 SH6 等。根据矮化砧木的性能,可用作中间砧,也可用作自根砧。基砧优先选用西府海棠、新疆野苹果等。

4. 苗木选择

优先选用经过认证的无病毒苗木。苗木质量规格应参照《苹果苗木》(GB 9847—2003)标准,无严重机械损伤,无国家规定的检疫性病虫害。

5. 栽植

栽植株行距设计合理,避免栽植过密。矮化和短枝型果园以(1.5 ~2)m×(3 ~4)m 为参考;乔化果园则以(3 ~4)m×(5 ~6)m 为宜。确保成龄果园后,行间能保持 1 ~1.5m 的通道,株间避免交叉。要配置合适比例的授粉品种。

栽植时期以冬栽或春栽为主,条件适宜时亦可进行秋栽。栽植时应开挖栽植穴或栽植沟,混入适量的腐熟土杂肥或圈肥等,以疏松土壤,提高肥力,为树体生长提供良好的基础条件;栽后立即灌足水,并及时整修树盘,覆膜保墒。

6. 栽后管理

矮化砧果园应及时设立临时或永久性支柱以保持主干的直立生长。并从建园开始,就要注意肥料的合理施用,保证树体正常生长发育。幼树果园重点是防止"两荒":一是地面的草荒;二是树上的枝条紊乱,主从不分。

（二）树体管理

根据砧/穗组合和栽植密度，确定合适的树形和修剪方法。如矮化果园以细长纺锤形为主，乔化果园宜采用改良纺锤形或小冠疏层形。

1. 不同树形的整形修剪

（1）改良纺锤形：新栽幼树100cm左右定干，夏季扶持中心干，抹芽、摘心、拉枝，冬季中干延长枝留40～60cm短截；中干旺盛的延长枝可轻剪缓放；主枝的延长枝缓放不剪，利用刻芽，促生分枝。对于成枝力强的富士等品种，生长季节要注意及早疏除竞争枝、直立枝和密生枝。结果后及时落头，适时回缩更新，开张角度，维持中干优势。

（2）细长纺锤形：新栽幼树80～100cm定干，一般不短截，超过中干1/3～1/2粗度的大枝留秕芽疏除，其余侧生枝拉平缓放。初果树中干上的延长枝原则上不截，缺枝部位刻芽抽枝，开张主枝角度，利用枝组逐年向外延伸。进入结果期树的修剪，主要是稳定结果，对过大枝组（枝轴30cm以上的）要以大换小，控制体积，过密枝从基部疏除，空间位置较适合者待结果衰弱后回缩，以强换弱。

（3）小冠疏层形：新栽幼树定干高度70～80cm。春季萌芽后，及时抹除树干上近地面40cm以内的萌芽和嫩梢；从定干剪口下的新梢中，选择位置居中、生长强壮的直立新梢作中央领导干的延长梢；用撑拉法将各主枝基角开张到60°以上，方位角达120°左右，为形成圆满、牢固的树体结构奠定基础。在基部各主枝上，各配备1～2个小侧枝，以背斜侧方向为宜，第一侧枝距中央领导干20～40cm，第二侧枝距第一侧枝50cm左右。各主枝上的侧枝，要奇、偶数左右顺序排列。在中央领导干上，第一层至第二层间距保持70～80cm，一年留不到位，可以两年完成，形成第二层。为增加前期产量，层间可配备几个辅养枝或大枝组，但不能影响中主枝的生长延伸。

2. 不同时期修剪

（1）春季修剪（3月中旬至4月上旬）。

1）抹芽。一年生幼树高定干、抹芽（80～100cm），二年生中干不剪截，分枝留基部秕芽剪截。增强主干、中心干生长势。

2）刻芽。3～4年生幼树在中心干需枝部位进行芽上刻伤，无用的萌芽抹除。

3）剪截。结果树疏除弱花枝，剪截长果枝、串花枝。

（2）夏季修剪。

1）摘心、扭梢。5月中下旬对中心干和各小主枝上抽生的新枝，视其空间大小,可分别采用摘心、扭梢、捋枝处理,控制旺长,促使分枝,为成花创造条件。

2)拉枝。5月对未拉枝或拉枝不到位的树(园),按照"强拉枝"要求,采取"一活动、二下压、三打桩、四固定"方法,将角度拉至90°左右,保持小主枝直顺但不"弓"。

3)环切。6月初至7月上旬对生长旺、不易成花的小主枝分期多道环切,控长促花。

(3)秋季修剪(8月中旬至9月上旬)。

1)控高。树高已达要求,中心干延长枝应采取拉枝、封顶、控高。

2)拉枝。夏季拉枝不到位或未拉枝的树,再次拉枝至要求角度。

3)疏枝。彻底疏除中心干、主枝上无用的新枝和大枝杈处及剪锯口附近萌生枝,疏密增光。

4)扭枝。中庸辅养枝先在基部扭伤后戴活帽剪截,抑前促后,缓势促花。

5)剪截。生长过强的果台枝,如有2个的疏强留弱,一个的在25cm左右处剪截。

(4)冬季修剪(1~2月)。

1)抬干。对主干低的树,按照不同树形要求,每年疏除1~2个近地面的主枝,直至达到高度要求。

2)疏枝。彻底疏除竞争枝、轮生枝、重叠枝、对生枝和主心干上强旺大枝和侧生强枝。

3)落头。中心干延长枝超高、过强者,分年逐步落头。

4)缩冠。对超长的主枝、过大的结果枝组,利用背下或侧生弱枝带头,进行回缩。

幼树期修剪在培养树体的同时,注意使其早结果。盛果期树修剪重点是调节。一是调节树体大小,二是调节树枝在树冠的合理分布,三是调节生长与结果的关系等。栽植过密、郁蔽过重的果园进行有计划间伐。对中等郁蔽果园通过冬季和夏季修剪进行改造。改造方法包括确定适宜树形,疏去过多的层间大枝,去强留弱、去大留小等。

(三)花果管理

1. 保花保果

加强栽培管理,提高花芽质量;花芽萌动期,通过喷施营养制剂,增强花芽抗逆能力;开花期间,若遇低温寒流,可采取树上喷水或果园熏烟,减少低温霜冻危害;盛花期,实行果园放蜂(尤其是壁蜂)及人工辅助授粉,提高授粉受精和坐果能力。

2. 疏花疏果

目前，疏花疏果仍以人工为主，重点推行“三步法”，即提早疏花序（花序伸长即开始），及时疏幼果（花后 2 周受精后），适期迟定果（套袋前完成）。

3. 果实套袋

提倡全园果实套袋。

（1）套袋前要做好病虫防治。谢花后每隔 10 天喷 1 次杀菌杀虫（螨）剂加氨基酸钙或氨钙宝，防治苹果轮纹烂果病、炭疽病、斑点落叶病、介壳虫、红蜘蛛、蚜虫等，减少缺钙等生理性病害，药液干后再套，喷药后 2～3 天必须把袋套上。

（2）正确把握套袋时间。适宜的套袋时间要根据品种、树龄、树势、物候期和不同袋种而定。套纸袋时间宜在花后 40～60 天，幼果横径长到 1.5cm 以上，果柄半木质化时进行。一天内的套袋时间，以上午 8～12 时、下午 3～5 时为宜，应避开早晨露水未干、中午高温和傍晚返潮三个阶段，且雨天、雾天不宜套袋。

套袋后果园的病虫防治：全园套袋后，主要防治对象是枝干上的轮纹病、腐烂病，叶片上的斑点落叶病及蚜虫、红蜘蛛、金纹细蛾等。杀菌剂提倡 1∶2∶200 石灰倍量式波尔多液，80% 大生 M－45 可湿性粉剂或 1.5% 多抗霉素可湿性粉剂交替使用；防治螨虫可交替使用 25% 灭幼脲 2 000 倍液、0.3% 齐螨素乳油 2 000倍液。果实套袋后，立即喷一遍大生 M－45、喷克等杀药剂，但禁用含激素的膨大着色剂和污染果面的药肥。

（3）适时适法摘袋。适宜的除袋时间应视着色要求、不同品种和采收期而定。一般中熟红色品种宜在采收前 10 天左右，晚熟红色品种在采收前 15 天左右除袋。元帅系等中熟苹果在 8 月下旬至 9 月上旬除袋，红富士苹果宜在 9 月中下旬至 10 月 5 日前除袋。此时夜间温度低，昼夜温差大，除袋后可迅速着色，又提高了果面的光洁度。摘袋时间最好选择阴天或多云天气进行，以避免发生日灼；若高温的晴天摘袋，为防果实有暗光突然见光发生日灼，可于上午 10～12 时摘除树冠东部和北部的果袋，下午 2～4 时摘除树冠南部和西部的果袋，不宜在早晨或傍晚摘袋。两次性摘除的双层纸袋，将外袋拉下保留内袋，3～5 个晴天后，再将内袋去除；一次性摘除的双层纸袋，应先松袋，给袋内通风，3～5 天后再一次性去除。

4. 摘叶、转果

摘除纸袋后的果实要适时适度进行摘叶、转果，促进果实着色。摘袋后及时摘除贴在果实表面和果实周围遮阴的叶片，摘叶量以 20% 为宜，使树冠下透光量达到30%，摘袋后5～7天将果实阴面轻轻转向阳面，果实着色均匀，摘叶转果应在阴天或晴天傍晚进行，避开晴天上午，以防日灼。

（四）果园施肥

（1）提倡多施用有机肥和生物肥，尽可能减少化学合成肥料的施用量。提倡科学的配方施肥和平衡施肥。提倡秋施基肥，在晚秋至入冬前施用有机肥。施用量以“斤果斤肥”土杂肥为参考。有机肥的施用，在幼龄期可采用穴施或沟施，成龄果园可采用“条沟”施。

（2）追肥，每年分2～3次施入。第一次在萌芽前，可施入全年施用量的1/3，以氮肥为主；第二次在6月的幼果膨大期，可施入全年氮肥和钾肥用量的1/3；第三次在9月下旬，结合秋施基肥将剩余的氮肥、钾肥和磷肥全部施入。追肥用量，每年每亩纯氮20～30kg、纯磷10～15kg、纯钾20～30kg，氮∶磷∶钾的比例为1∶0.5∶1。

根外追肥。春季叶片缺氮明显的果园，可每隔10天连喷2～3次0.3%～0.5%的尿素；苦痘病发生严重的果园，应在套袋前每隔7～10天喷施0.3%的氯化钙；小叶病发生严重的果园，在萌芽前喷1次3%～4%的硫酸锌；缺铁失绿症发生严重的果园可在新梢旺长期，每2周1次，连喷3次0.3%～0.5%的螯合铁；硼营养不足，可在花期喷1次0.3%的硼酸或硼砂。

（五）水分管理

有灌水条件的果园，应在萌芽期、幼果膨大期和地面封冻前进行足量灌水。提倡穴灌、行间沟灌等节水灌溉方法。有条件的果园宜采用滴灌、喷灌等微灌措施。对完全靠雨养果园，应修筑一些贮水窖等简易蓄水设施，积蓄雨水以灌溉。丘陵山地提倡整修水平梯田以保水。对树下清耕带，提倡进行地面覆盖（草、秸秆或塑膜），以减少地面蒸发，保持土壤温度。

（六）病虫害防治

虫害中的蚜、螨类害虫和病害中的早期落叶病和轮纹烂果病、霉心病是重点防治对象。优先采用自然的、对人及环境安全的方法控制病虫危害。如冬季清园，刮树皮；树干绑草把或使用专用诱虫袋；使用诱虫灯等。采用人工饲养、释放、助迁及喷用对天敌比较安全的低毒或选择性杀虫剂等多项措施，对瓢虫、草蛉、捕食螨、塔六点蓟马等天敌昆虫及有益鸟类充分保护，“以虫治虫”。每个果园都要有重点地保护，利用好2～3种天敌昆虫。

严格拒绝在无公害果园使用高毒、高残留农药，如六六六、滴滴涕、毒杀芬、二溴氯丙烷、杀虫脒、二溴乙烷、除草醚、艾氏剂、狄氏剂、汞制剂、砷类、铅类、敌枯双、氟乙酰胺、甘氟、毒鼠强、氟乙酸钠、毒鼠硅、甲胺磷、甲基对硫磷、对硫磷、久效磷、磷胺、甲拌磷、甲基异柳磷、特丁硫磷、甲基硫环磷、治螟磷、克百威、涕灭威、灭线磷、硫环磷、蝇毒磷、地虫硫磷、氯唑磷、苯线磷、水胺硫磷、氧乐果、灭多威等，以及国家规定禁止使用的其他农药。尽量少用或不用对天敌杀伤力极强的氰戊菊酯、甲氰菊酯等人工合成菊酯类农药，尤其不在重点天敌的大量增殖关键时期使用此类杀虫剂。

做好虫情测报。当重点防治对象及害虫与益虫的比例达到设定的防治指标时才选择进行喷药防治，避免不看“虫情”，盲目喷药。

苹果主要病虫害无公害防治措施可参阅表4－1、表4－2。

表4－1　无公害苹果主要害虫的防治指标

害虫种类	关键防治时期	监测指标	选择药剂
红蜘蛛	花序分离期	3～5头/100叶	四螨嗪或噻螨酮
	花后7～10天	2～3头/叶	
	6～7月	7～8头/叶	速螨酮、炔螨特或浏阳霉素
二斑叶螨（白蜘蛛）	5月前	上年果园有较多发生	地面杂草喷洒阿维菌素
	6月		阿维菌素
金纹细蛾	麦收前	1头/100叶	灭幼脲
	麦收后	5头/100叶	杀铃脲
苹果棉蚜	生长期	果园有发现	噻虫嗪、吡虫啉
苹果黄蚜等蚜虫	落花后1周	10%虫梢	啶虫脒、吡虫啉
卷叶蛾	生长期	1/200虫梢	甲维盐

表4－2　苹果主要病虫害无公害防治简表

时期	防治对象	主选药剂	配合技术措施
休眠期（12月至翌年2月）	各种越冬病虫害		清理落叶、病枝、僵果，刮树皮
萌芽期（3月中下旬）	腐烂病、叶螨、介壳虫	菌毒清、石硫合剂	①接近萌芽期，全树喷施1次铲除剂 ②刮治腐烂病斑 ③设置糖醋液或黑光灯诱杀金龟子
	蚜虫	吡虫啉、乐斯本	

续表

时期	防治对象	主选药剂	配合技术措施
开花期(4月中旬)	霉心病	多抗霉素、中生菌素	盛花末期喷施
开花后(花后1周)	各种果实病害	多氧霉素、喷克、农抗120	①设置性诱剂诱杀器、频振式杀虫灯 ②人工剪除白粉病梢
	叶螨	四螨嗪、噻螨酮	
	金纹细蛾	灭幼脲	
花后2周	病害	代森锰锌、苯醚甲环唑、多菌灵、三唑酮等	①杀菌剂必喷1次 ②各种病虫防治，根据果园的实际情况确定合理选用农药
	蚜虫	吡虫啉、啶虫脒	
	叶螨	阿维菌素、速螨酮	
	金纹细蛾	灭幼脲3号	
	痘斑病	氯化钙	
套袋前	病害	甲基硫菌灵、多菌灵、苯醚甲环唑、戊唑醇	①喷后隔天套果袋 ②根据果实虫害情况，增加相应杀虫剂
果实发育期(套袋后至采收)	早期落叶病	波尔多液、有机铜制剂、戊唑醇	①10～15天喷施1次杀菌剂 ②根据果园虫害发生情况混用杀虫、杀螨剂 ③8月中下旬树干绑诱虫带或草把
	各种果实病害	多菌灵、代森锰锌	
	叶螨	炔螨特、阿维菌素、速螨酮	
	金纹细蛾	杀铃脲	
成熟采收期	早期落叶病	戊唑醇、代森锰锌	套袋果或套袋果园去袋后喷施
	轮纹烂果病	异菌脲、咪鲜胺	
	套袋果红点病	多抗霉素、甲基硫菌灵	

(七)果实采收和贮藏

应根据不同品种的特点及采后用途，确定最适采收期。应避免为提早上市而早采。最适采收期可根据花后天数、淀粉染色指数、结合果皮颜色、内在品质等多项指标确定。

苹果贮藏，应采用能够很好保持果实内外品质的贮藏方法。短期临时存放，提倡采用土窑洞；长时间贮藏，宜采用机械冷库；实行周年供应的贮藏，应采用气调库。贮藏期间要定期取样检测果实的硬度及内、外品质状况，已确定是否适宜继续贮藏。对贮藏期病害尽可能采用物理或生物的方法进行控制。不允许使用抗氧化剂，防治虎皮病等生理病害。允许有限制地进行杀菌剂处理，防治贮藏期间烂果病的发生。

二、无公害梨生产技术规程

(一)园地规划

1. 果园选址

果园应选择在生态条件良好，远离污染源，土层深厚，土壤肥沃，有机质含量在1.0%以上，地下水位在1m以下，并具有可持续生产能力的农业生产区域。

新开垦的结构差、肥力低的荒地，宜先种植绿肥以改良土壤。

2. 园地规划

平地、滩地和缓坡地，栽植行向以南北向为宜；坡地栽植行沿等高线延长。园地配备必要的道路排灌设施和建筑物。

3. 品种选择

以区域化和良种化为基础，遵照西洋梨区划要求，结合当地自然条件，实行适地适栽。

(二)栽植

1. 整地

按行株距挖深宽0.8～1m的栽植沟穴，沟穴底填厚30 cm左右的作物秸秆。挖出的表土与足量的底肥混合，回填沟中。待填至低于地面20cm后，灌水浇透，使土沉实，然后覆上一层表土保墒。

2. 栽植密度

平地、滩地和缓坡地为长方形栽植，坡地按水平等高栽植。一般乔砧密植，株行距为(3～4)m×(4～6)m；矮砧密植，株行距为(2～3)m×(3～5)m。

3. 授粉树配置

主栽品种与授粉品种的栽植比例为(4～5)∶1，同一果园内栽植2～4个品种。

4. 栽植时间

可秋栽或春栽，以秋栽为主，春栽应于萌芽前完成。

5. 栽植技术

在栽植沟内按株距挖深宽 50cm 的栽植穴。将苗木放入穴中央，砧桩背风，舒展根系，扶正苗木，纵横成行，边填土边提苗、踏实，直到嫁接口（矮化中间砧苗为基砧与中间砧的接口）略高于地面（降雨较少的地区可适当深栽）。沿树苗周围做直径 1m 的树盘，灌水浇透，覆盖地膜保墒。定植后按整形要求立即定干，定干高度 90cm 左右，并采取适当措施保护定干剪口。

（三）土肥水管理

1. 深翻改土

分为扩穴深翻和全园深翻。扩穴深翻结合秋施基肥进行，在定植穴（沟）外挖环状沟或平行沟（应分年度换位进行），沟深宽均为 80cm 为宜。土壤回填时混以有机肥，表土放在底层，底土放在上层，然后充分灌水，使根土密接。全园深翻，结合果园耕翻完成。

2. 中耕

实行清耕制的果园，在生长季降水或灌水后，及时中耕除草，保持土壤疏松，以利调温保墒。

树盘覆盖和埋草：可选用麦秸、麦糠、玉米秸及田间杂草等，进行树盘覆盖，覆盖厚度 10 ~ 15cm，上面少量压土。连覆 3 ~ 4 年后，结合秋施基肥浅翻 1 次；也可结合深翻开大沟埋草，提高土壤肥力和蓄水能力。

种植绿肥和行间生草：有灌溉条件的梨园提倡行间生草制。行间间作三叶草、毛叶苕子、扁叶黄芪等绿肥作物，通过翻压、覆盖等方法将其转变为有机肥。

3. 施肥

（1）在养分需求与供应平衡的基础上，坚持有机肥料为主，有机肥料与无机肥料相结合；坚持大量元素与中量元素、微量元素相结合；坚持基肥与追肥相结合；坚持施肥与其他措施相结合。限制使用含氯化肥。

（2）基肥。秋季施入，以农家肥为主，可混加少量氮素化肥。施肥量：初果期树按每生产 1kg 梨施 1.5 ~ 2.0kg 优质农家肥计算；盛果期梨园每亩施 3 000kg以上。施用方法：采用沟施，挖放射状沟或在树冠外围挖环状沟，沟深 40 ~ 60cm。

（3）追肥。土壤追肥，全年 3 次左右。第一次在萌芽前后，以氮肥为主；第二次在花芽分化及果实膨大期，以磷、钾肥为主，氮、磷、钾混合使用；第三次在果实生长后期,以钾肥为主。其余时间根据具体情况进行施肥。施肥量以当地的土壤条件和施肥特点确定,一般按每亩施纯氮 25kg、纯磷 20kg、纯钾 25kg。施肥方法是树冠下开环状沟或放射状沟,沟深 15 ~ 20cm,追肥后及时灌水。

(4)叶面喷肥。全年 4 ~ 5 次,一般在生长前期喷施 2 次,以氮肥为主;后期 2 ~ 3 次,以磷、钾肥为主,也可根据树体情况喷施果树生长发育所需的微量元素。常用肥料浓度为尿素 0.2% ~ 0.3%、磷酸二氢钾 0.2% ~ 0.3%、硼砂 0.1% ~ 0.3%,叶面喷肥宜避开高温时间。

4. 果园灌水

根据土壤墒情而定,通常包括萌芽水、花后水、催果水和冬前水等。灌水后及时松土。水源缺乏的果园,采用树盘覆盖措施,以利保墒。提倡采用滴灌、渗灌、微喷等节水灌溉措施。当果园出现积水时,要利用沟、渠及时排水。

(四)主要树形

梨树常用的树形有主干疏层形、小冠疏层形、自由纺锤形等。

主干疏层形:适用于每亩种植密度为 40 株左右的栽培方式。树高小于 5m,有中心干,主干高 60 ~ 70cm。主枝 6 个(第一层 3 个,第二层 2 个,第三层 1 个)。第一第二层层间距 100cm,第二第三层层间距约 60cm,第一层层内距 30cm,主枝与中干成角 60° ~ 70°。第一层每个主枝上配 2 ~ 3 个侧枝,第二、第三层每个主枝上配 1 ~ 2 个侧枝。

小冠疏层形:适用于每亩种植密度为 50 株左右的栽培方式。树高 3.5 ~ 4m,有中心干,主干高 60 ~ 70cm。五个主枝分两层排列,第一层 3 个主枝,其中一主枝顺行向延伸;第二层 2 个主枝,插空向行间延伸,主枝角度 70° ~ 80°。层间距 100cm,主枝上不配侧枝,成形后落头开心。

自由纺锤形:适用于每亩种植密度为 100 株左右的栽培方式。树高 2.5 ~ 3m,干高 60 ~ 80cm。在中心干上均匀排列着生 10 ~ 12 个大型枝组,基部大型枝组与中心干呈 70° ~ 80°。在主枝上直接培养中小型枝组结果。

(五)整形修剪

冬季修剪在落叶后至发芽前进行,夏季修剪在生长期进行。

幼树和初果期树修剪:实行“轻剪、少疏枝”。选好骨干枝、延长头,进行中截,促发长枝,培养树形骨架,加快长树扩冠。拉枝开角,调节枝干角度和枝间主从关系,促进花芽形成,平衡树势。

盛果期树修剪:调节树体生长和结果之间的关系,促使树势中庸健壮。树冠外围新梢长度以 30cm 为好,中短枝健壮。花芽饱满,约占总芽量的 30%。枝组年轻化,中小枝组约占90%。采取适宜修剪方法,调节树势至中庸状态,及时落头开心,疏除外围密生旺枝和背上直立旺枝,改善冠内光照。对枝组做到选优去劣,去弱留强,疏密适当,3 年更新,5 年归位,树老枝幼。

更新复壮期树修剪:当产量降至每亩不足 1 000kg 时,对梨树进行更新复壮。每年更新 1 ~2 个大枝,3 年更新完毕,同时做好小枝的更新。

(六)花果管理

梨树授粉除配置授粉树自然授粉外,还应采用蜜蜂或壁蜂传粉和人工点授等方法辅助授粉,以确保产量,提高单果重和果实整齐度。

1. 疏花疏果

及早疏除过量花果和病虫花果。每隔 20cm 左右留 1 个花序,每个花序留中心果或一个发育良好的边果。按照留优去劣的疏果原则,树冠中后部多留,枝梢先端少留,侧生背下果多留,背上果少留。

2. 果实套袋

自谢花到套袋应喷 1 ~2 次农药防治黑星病、轮纹病、黄粉蚜、粉介和梨木虱等病虫害,重点喷果面。药干后即行套袋。套袋时防止纸袋贴近果皮。

(七)病虫害防治

梨树的主要病虫害有梨黑星病、梨树腐烂病、梨黑斑病、梨锈病、梨白粉病、梨小食心虫、梨蚜、梨木虱、梨吉丁虫等。

按照病虫害的发生规律和经济阀值,以农业防治和物理防治为基础,提倡生物防治,科学使用化学防治技术,有效控制病虫危害。推广使用生物源农药、矿物源农药和低毒有机合成农药,有限度地使用中毒农药,禁止使用剧毒、高毒、高残留农药,详见表 4 -3、表 4 -4、表 4 -5、表 4 -6。

表 4 -3　无公害梨园允许使用的主要杀虫杀螨剂

农药品种	毒性	稀释倍数和使用方法	防治对象
1%阿维菌素乳油	低毒	5 000 倍液,喷施	叶螨、金纹细蛾
0.3%苦参碱水剂	低毒	800 ~1 000 倍液,喷施	蚜虫、叶螨等
10%吡虫啉可湿性粉剂	低毒	5 000 倍液,喷施	蚜虫、金纹细蛾
25%灭幼脲 3 号悬浮剂	低毒	1 000 ~2 000 倍液,喷施	金纹细蛾、梨小食心虫等
50%辛脲乳油	低毒	1 500 ~2 000 倍液,喷施	金纹细蛾、梨小食心虫等

续表

农药品种	毒性	稀释倍数和使用方法	防治对象
50%蛾螨灵乳油	低毒	1 500～2 000 倍液，喷施	金纹细蛾、梨小食心虫等
20%杀铃脲悬浮剂	低毒	8 000～10 000 倍液，喷施	梨小食心虫、金纹细蛾等
50%马拉硫磷乳油	低毒	1 000 倍液、喷施	蚜虫、叶螨、卷叶虫等
50%辛硫磷乳油	低毒	1 000～1 500 倍液，喷施	蚜虫、梨小食心虫等
5%尼索朗乳油	低毒	2 000 倍液，喷施	叶螨类
10%浏阳霉素乳油	低毒	1 000 倍液，喷施	叶螨类
20%螨死净胶悬剂	低毒	2 000～3 000 倍液，喷施	叶螨类
15%哒螨灵乳油	低毒	3 000 倍液，喷施	叶螨类
40%蚜灭多乳油	中毒	1 000～1 500 倍液，喷施	棉蚜及其他蚜虫等
99.1%加德士敌死虫乳油	低毒	200～300 倍液，喷施	叶螨类、蚧类
苏云金杆菌可湿性粉剂	低毒	500～1 000 倍液，喷施	卷叶虫、尺蠖、天幕毛虫等
10%烟碱乳油	中毒	800～1 000 倍液，喷施	蚜虫、叶螨、卷叶虫等
5%卡死克乳油	低毒	1 000～1 500 倍液，喷施	卷叶虫、叶螨等
25%扑虱灵可湿性粉剂	低毒	1 000～2 000 倍液，喷施	介壳虫、叶蝉
5%抑太保乳油	中毒	1 000～1 500 倍液，喷施	卷叶虫、梨小食心虫

表 4－4　无公害梨园允许使用的主要杀菌剂

农药品种	毒性	稀释倍数和使用方法	防治对象
5%菌毒清水剂	低毒	萌芽前 30～50 倍液，涂抹；100 倍液，喷施	腐烂病、枝干轮纹病
腐必清乳剂（涂剂）	低毒	萌芽前 2～3 倍液，涂抹	腐烂病、枝干轮纹病
2%农抗 120 水剂	低毒	萌芽前 10～20 倍液，涂抹；100 倍液，喷施	腐烂病、枝干轮纹病
80%喷克可湿性粉剂	低毒	800 倍液，喷施	斑点落叶病、轮纹病、炭疽病
80%大生 M－45 可湿性粉剂	低毒	800 倍液，喷施	斑点落叶病、轮纹病、炭疽病
70%甲基托布津可湿性粉剂	低毒	800～1 000 倍液，喷施	斑点落叶病、轮纹病、炭疽病
50%多菌灵可湿性粉剂	低毒	600～800 倍液，喷施	轮纹病、炭疽病
40%福星乳油	低毒	6 000～8 000 倍液，喷施	斑点落叶病、轮纹病、炭疽病

续表

农药品种	毒性	稀释倍数和使用方法	防治对象
1% 中生菌素水剂	低毒	200 倍液，喷施	斑点落叶病、轮纹病、炭疽病
27% 铜高尚悬乳剂	低毒	500～800 倍液，喷施	斑点落叶病、轮纹病、炭疽病
石灰倍量式或多量式波尔多液	低毒	200 倍液，喷施	斑点落叶病、轮纹病、炭疽病
50% 扑海因可湿性粉剂	低毒	1 000～1 500 倍液，喷施	斑点落叶病、轮纹病、炭疽病
70% 代森锰锌可湿性粉剂	低毒	600～800 倍液，喷施	斑点落叶病、轮纹病、炭疽病
70% 乙膦铝锰锌可湿性粉剂	低毒	500～600 倍液，喷施	斑点落叶病、轮纹病、炭疽病
硫酸铜	低毒	100～150 倍液，喷施	根腐病
15% 粉锈宁乳油	低毒	1 500～2 000 倍液，喷施	白粉病
50% 硫胶悬剂	低毒	200～300 倍液，喷施	白粉病
石硫合剂	低毒	发芽前 3～5 波美度、开花前后 0.3～0.5 波美度，喷施	白粉病、霉心病等
843 康复剂	低毒	5～10 倍液，涂抹	腐烂病
68.5% 多氧霉素	低毒	1 000 倍液，喷施	斑点落叶病等
75% 百菌清	低毒	600～800 倍液，喷施	斑点落叶病、轮纹病、炭疽病

表 4－5　无公害梨园限制使用的主要农药品种

农药品种	毒性	稀释倍数和使用方法	防治对象
48% 乐斯本乳油	中毒	1 000～2 000 倍液，喷施	棉蚜、桃小食心虫
50% 抗蚜威可湿性粉剂	中毒	800～1 000 倍液，喷施	黄蚜、瘤蚜等
25% 辟蚜雾水分散粒剂	中毒	800～1 000 倍液，喷施	黄蚜、瘤蚜等
2.5% 功夫乳油	中毒	3 000 倍液，喷施	梨小食心虫、叶螨类
20% 灭扫利乳油	中毒	3 000 倍液，喷施	梨小食心虫、叶螨类
30% 桃小灵乳油	中毒	2 000 倍液，喷施	梨小食心虫、叶螨类
50% 杀螟硫磷乳油	中毒	1 000～1 500 倍液，喷施	卷叶蛾、梨小食心虫、介壳虫
10% 歼灭乳油	中毒	2 000～3 000 倍液，喷施	梨小食心虫
20% 氰戊菊酯乳油	中毒	2 000～3 000 倍液，喷施	梨小食心虫、蚜虫、卷叶蛾等
2.5% 溴氰菊酯乳	中毒	2 000～3 000 倍液，喷施	梨小食心虫、蚜虫、卷叶蛾等

表4-6 无公害梨园禁止使用的农药

农药种类	农药名称	禁用原因
无机砷杀虫剂	砷酸钙 砷酸铅	高毒
有机砷杀菌剂	甲基胂酸锌(稻脚青)、甲基胂酸胺(田胺)、福美甲胂、福美胂	高残留
有机锡杀菌剂	薯瘟锡(毒菌锡)、三苯基醋酸锡、三苯基氯化锡、氯化锡	高残留、慢性毒性
有机汞杀菌剂	氯化乙基汞(西力生)、醋酸苯汞(赛力散)	剧毒、高残留
有机杂环类	敌枯双	致畸
氟制剂	氟化钙、氟化钠、氟化酸钠、氟乙酰胺、氟铝酸钠、氟硅酸钠	剧毒、高毒、易药害
有机氯杀虫剂	滴滴涕、六六六、林丹、艾氏剂、狄氏剂、五氯酚钠、硫丹、氯丹、毒杀芬	高残留
有机氯杀螨剂	三氯杀螨醇	工业品含一定数量的滴滴涕
卤代烷类熏蒸杀虫剂	二溴乙烷、二溴氯丙烷、溴甲烷	致癌、致畸
氨基甲酸酯杀虫剂	克百威(呋喃丹)、丁(丙)硫克百威、涕灭威、灭多威	高毒
二甲基脒类杀虫杀螨剂	杀虫脒	致癌、慢性毒性
拟除虫菊酯类杀虫剂	所有拟除虫菊酯类杀虫剂	对鱼毒性大
取代苯杀虫杀菌剂	五氯硝基苯、稻瘟醇(五氯苯甲醇)、苯菌灵(苯莱特)	国外致癌报道或二次药害
二苯醚类除草剂	除草醚、枯草醚	慢性毒性
有机磷杀虫剂	甲拌磷、乙拌磷、久效磷、对硫磷、甲基对硫磷、甲胺磷、氧乐果、治螟磷、水胺硫磷、甲基异柳磷、蝇毒磷、磷胺、内吸磷、甲基环硫磷、杀扑磷	高毒、高残留

续表

农药种类	农药名称	禁用原因
其他各类除草剂	乙基环硫磷、灭线磷、螨胺磷、克线丹、磷化铝、磷化锌、磷化钙、硫丹	药害、高毒
其他杀虫剂	喹啉、毒死蜱、二溴磷、氯氰菊酯、二嗪农、克菌丹、腈氯苯苯醚菊酯、甲酚	出口西洋梨重点检查项目

（八）果实的采收和贮运

1. 收

根据果实成熟度、用途和市场需求综合确定采收适期。果实分批采收，一般一个品种在2周内采完。采收时注意轻拿轻放，避免机械损伤。

梨需长期贮藏的，采后应及时预冷。预冷的方法有水冷、冰冷、风冷、真空冷却和自然冷却等。运输过程中，应保证适当的低温；运输时间短，可不采取保湿措施；长途运输应采取通风的办法防止有害气体积累造成果实伤害。

2. 贮藏保鲜

梨最适贮温一般为 -1 ~0.5℃，相对湿度为90% ~95%。贮藏过程中应保持库温稳定，库内温度变化幅度不超过 ±1℃。

三、无公害葡萄生产技术规程

（一）建园要求

1. 园址选择与规划

葡萄园区应选择生态条件良好土层深厚、土壤肥沃、阳光充足且远离污染源的地区。应根据面积、自然条件和架式等进行合理规划。规划内容包括作业区、品种选择与配置、道路、防护林、土壤改良措施、水土保持措施、排灌系统等。

2. 品种选择

结合当地气候特点、立地条件、品种特性和市场需求等综合因素选择栽植品种。

3. 架式选择

主要有篱架、棚架和自由扇形等。

篱架、架面与地面垂直，形似篱笆。篱架分为单篱架和双篱架等。单篱架：一般采用南北行向，行距2.5 ~3 m，每行连成的架面与地面垂直，架高以行距而定，一般为1.8 ~2m，行内每隔6 ~8m设一立杆，每行第一根立杆用倾斜的支柱或斜拉的铅丝固定。距地面60cm架第一道铅丝，以上每隔40～45cm架一道铅丝，一般架3～4道为宜。双篱架：主要用V形架式，行距3m，架高1.5～2m，篱架基部两壁间距40～60cm，顶部间距120cm，其他结构行向与单篱架相同。

棚架，主要分为大棚架和小棚架等。大棚架：架长7～10m。架的后部（靠近植株基部）高约1m，前部高2～2.5m。小棚架：架长为5～6m。行距4～6 m，每行设两排立柱，立柱高度均为1.9～2.2 m，按行向每隔5m设一立柱。沿行向在立柱上每隔50cm架一道10～12号铅丝，将整个小区棚连接成一个水平面。垂直于行向的两根立柱拉8～10号铅丝。

棚篱架：棚篱架是单篱架的发展，也是篱架和棚架的结合架式。棚篱架架根高1.5～1.8米，架棚高2.0～2.5米，架面宽和行距一致。

自由扇形架式：又名多主蔓自由扇形架式，架随树自由整形。

（二）定植

挖定植沟，按照行距挖0.8～1.0m宽、0.8～1.0m深的定植沟，改土定植。栽植沟挖好后使土壤充分风化、熟化，将腐熟的有机肥料和表土混匀填入沟内，每亩基肥施用量3 000～4 000kg。填土要高出原来的地面。在土壤较为疏松的地区可采用挖坑栽植，栽植坑的直径和深度应在60cm左右，同样填入有机肥。

定植前先用清水将苗木根系浸泡1天，再进行剪枝和修根，剪去过长、过细和有伤的粗根，可用ABT生根粉、根宝等催根素浸泡30分。栽植深度，以苗木的根颈部与地面相平为准。栽植时根系应摆布均匀，填土一半时轻轻提苗，填土与地面相平后踏实，灌透水，待水渗完后应覆土保墒。

定植密度依据品种、砧木、土壤和架式等而定，单篱架栽植，株距一般为1～2m，行距2～3m。棚架栽植时，行距4～6m，株距0.75～1.5m。适当稀植是无公害鲜食葡萄的发展方向。常见的栽培密度见表4－7。

表4－7 栽培方式及定植株数

架式	株行距（m）	定植株数/亩
篱架	（0.8～1.0）×（2～2.5）	417～267
棚架	（0.5～1.0）×（3～4）	444～166
自由扇形	（1.0～2.0）×（2.2～2.5）	333～134

定植时间：主要采用春季栽植，在土壤解冻后进行，3月下旬至4月上中旬。秋冬栽：12月上中旬（上冻前）；6月中下旬栽植营养钵苗（3叶1心）。

(三)定植后管理

1. 及时除梢定枝

待新梢长至3～4cm时,留2个健壮新梢,其余抹除。

2. 适时追肥

新梢长至30～35cm时,距苗25cm环状开沟追施氮肥(尿素)每亩10～15kg,施肥后立即灌水,并及时松土。20～30天左右追二次肥(多元复合肥)。

3. 夏季摘心

篱架葡萄高约1.2m时摘心,上部副梢留3～4片叶摘心,二次副梢留1片叶反复摘心;下部副梢大叶形留1～2片叶摘心,小叶形留2～3片叶摘心,以后副梢留1片叶反复摘心,过密可不再留叶。棚架葡萄新梢长至2m以上摘心,顶端副梢留2片叶摘心,,以后留1片叶反复摘心。

4. 病虫害防治

雨季每10～15天喷杀菌剂1次,8～9月雨季高峰期可喷疫霜灵2次,重点预防霜霉病。

5. 冬季修剪

篱架主蔓根据粗度剪留80～90cm(剪口粗度应掌握在1cm左右);棚架主蔓剪留1～1.5m。清除落叶枯枝、杂草,并结合冬剪剪除病虫枝。虫害防治,应根据虫情喷杀虫剂。

6. 埋土防寒

覆土厚度15～20cm,并灌足封冻水。(主要指1～2年生红提葡萄,其他品种无须埋土。)

(四)土肥水管理

1. 土壤管理

提倡葡萄园行间种植低矮草(如白三叶等)或实行草(作物秸秆)覆盖,提高土壤有机质含量。在新梢停止生长、果实采收后,结合秋季施肥进行深耕翻,深度20～30cm。秋季深翻施肥后及时灌水;春季深耕较秋季深耕的深度浅。春耕在土壤化冻后及早进行。清耕,未生草或覆草的葡萄园,生长季节要进行多次中耕除草,经常保持土壤疏松和无杂草状态,园内清洁,病虫害少。

2. 施肥

根据葡萄的需肥规律进行平衡施肥或配方施肥。以腐熟的有机肥为主、化肥为辅,提倡平衡施肥或配方施肥。允许施用腐熟的堆肥、沤肥、厩肥、沼气肥、绿肥、作物秸秆肥、泥炭肥、饼肥、腐殖酸类肥、人粪尿等有机肥料、微生物肥料、化肥[氮肥、磷肥、钾肥、硫肥、钙肥、镁肥及复合(混)肥等]、叶面肥等。使用的商品肥料应是在农业行政主管部门登记使用或免于登记的肥料。限量使用氮肥。限制使用含氯复合肥。

3. 基肥

以有机肥料和部分矿质肥料(如磷、钾肥等)为主，秋季施用，每亩施3 000kg左右。一般每隔1～2年结合行间扩穴深翻施一次基肥，施肥沟深50cm、宽30～40cm。

4. 追肥

根部追肥以速效肥料为主，按植株大小，在根附近开沟深15～25cm、宽30cm，将肥料混土埋入沟中，并及时灌水。成龄葡萄树，一般分为催芽肥、催花肥、促果肥、促熟(果实和枝条)肥。催芽肥在早春萌芽期，追施1次氮肥，每亩施尿素30kg左右。催花肥在开花前7天左右，每株追施氮磷复合肥0.5～1kg。促果肥在浆果长到黄豆粒大小时，追施磷、钾肥每株0.5～1kg。果实成熟前要追施催熟肥，主要以磷钾复合肥为主，用量每株0.5～1kg。根外追肥：初花期在叶面喷施0.3%的硼砂。果实膨大期喷施1～2次0.3%磷酸二氢钾加0.1%尿素。根外追肥宜在上午10时之前或下午4时后进行。

5. 灌水

成龄葡萄园的灌水，包括萌芽期、花期前后、浆果膨大期、采收后和封冻水5个时期。在萌发抽枝前，于施催芽肥后灌催芽水；在花前和花后间隔10天左右，各灌1次透水，花前结合施催花肥进行；当浆果生长至黄豆粒大时，此时要结合催果施肥灌催果水，这个阶段雨少时，每隔10～15天灌1次透水，以满足新梢和浆果生长的需要；果实采收后，结合秋施基肥进行灌水；在土壤上冻前灌1次越冬封冻水。每次灌水时都要注意使水量足以渗透至根系集中分布层，保持土壤含水量达到田间持水量的60%～70%(生长前期)或50%～60%(生长后期)。

灌水方法：提倡节水灌溉，可采用管灌、喷灌、渗灌、滴灌等方式。

(五)整形修剪

葡萄修剪因不同的架式、树形、品种而异。剪截一年生枝时，剪口宜高出枝条节部3～4cm，剪口向芽的对面略倾斜。疏除一年生枝应从基部彻底去掉，伤口切勿过大。剪口要平整、光滑，以利于伤口的愈合。不同年份的修剪伤口，尽量留在主蔓的同一侧，避免造成对口伤。注意结果母枝交替更新。

1. 按形状修剪

葡萄整形分多主蔓扇形和龙干形修剪两种。

(1)多主蔓扇形。多适用于篱架栽培,每株有3~5个主蔓,每一主蔓上分生侧蔓或直接着生4~6个结果枝,所有枝蔓在架面上呈扇形分布。

(2)龙干形。多适用于棚架栽培,常见的有2种类型:一是独龙干,植株只有一条龙干,长度3~5m,多采用极短梢修剪和单独的小型棚架;二是双龙干,植株从地面或主干上分生出两条主蔓,其上着生短梢枝组,主蔓长度5~15m;三是多龙干,植株从地面或主干上分生出两条以上的主蔓。

2. 按季节分

(1)冬季修剪。修剪时期一般在葡萄落叶后开始,至上冻之前完成。对结果枝的修剪,在预备枝的基部选留健壮的一年生枝剪留2~3节作为下一年的预备枝,在上部选取健壮的一年生枝剪留5~8节作为结果母枝,当年的结果枝从基部疏除。如预备枝上仅抽生出一个健壮枝,则留2~3节短截,选取结果母枝上基部健壮枝条剪留5~8节作为结果母枝而形成结果枝组。对单枝更新,在春季将结果母枝水平或弓形引缚,促进枝条基部芽眼的萌发和生长。在冬季修剪时将结果母枝回缩至基部第一新梢处,新梢剪留5~8节。对短梢修剪,要求在夏季新梢引缚时采用水平或弓形引缚,促进新梢基部芽眼的发育。在冬季修剪时选取健壮的一年生枝剪留2~3节,疏除多余和过密的枝条。此种修剪方法多用于棚架的龙干形修剪。对中梢修剪,在冬季修剪时选取健壮的一年生枝剪留5~8节,疏除多余和过密的枝条。对长梢修剪,冬季修剪时选取健壮的一年生枝剪留8节以上的长度。

(2)夏季修剪主要有抹芽除梢、新梢摘心和副梢处理等措施。

抹芽除梢　进入结果期的葡萄,应抹除主蔓基部40cm以下的新梢和萌蘖。应根据新梢所在部位、植株生长势、预期产量、架式等因素架面保留8~12个新梢,结果枝和预备枝的比例以1∶1~2∶1为宜。

新梢摘心和副梢处理　新梢摘心在开花前1周至初花期为宜,欧美杂交种如巨峰等坐果率较低的品种需重摘心、早摘心,花序以上留4~5片叶摘心;欧亚种及坐果率较高的品种如红提、京秀,花序以上可留8~10片叶摘心。副梢处理留1~2片叶反复摘心,或采用留单叶绝后的副梢处理方法。顶部延长副梢可留3~5片叶摘心。

（六）花果管理

1. 疏花疏果及果穗整理

单株保留花序量可根据不同的品种、植株生长势、栽植密度、果穗大小以及目标产量决定。一般盛果期葡萄园每亩产量应控制在 2 000kg 左右，不同生长势的枝条采取强 2、中 1、弱不留的原则，并根据预期产量要求去除发育不良的和多余的花序。开花前后掐除穗尖的 1/5，坐果后及时疏除小粒、过密粒、畸形粒。

2. 果穗套袋

葡萄套袋在第一次果穗整理后进行，但需要避开雨后的高温天气。套袋前全园喷布一遍杀菌剂，待药液干后开始套袋。红色葡萄品种采收前 10 ~ 20 天需要摘袋，容易着色和无色品种可以不摘袋，带袋采收。为了避免高温伤害，摘袋时不要将纸袋一次性摘除，先把袋底打开，逐渐将袋去除。

（七）绑蔓与新梢引缚

1. 上架绑蔓

春季树体萌芽前应及时上架绑蔓，枝蔓在架面上应均匀分布。

2. 新梢引缚

萌芽后新梢生长达 40 ~ 50cm 时进行第一次引缚；新梢长至 70 ~ 80cm，可进行第二次引缚；根据副梢生长的强弱，特别对顶端延长副梢，可进行第三次引缚；发育较晚的短梢，可任其自由生长。新梢引缚的方法同绑蔓相似，篱架植株的新梢应直立向上引缚，以保持其生长势；棚架植株的主侧蔓延长新梢应按延长方向引缚。

（八）病虫害防治

葡萄主要的病虫害有黑痘病、霜霉病、白腐病、炭疽病、叶螨、葡萄透翅蛾、叶蝉、葡萄虎天牛。

病虫害防治贯彻“预防为主，综合防治”的植保方针。以农业防治为基础，提倡生物防治，按照病虫害的发生规律科学合理地使用化学防治技术。

1. 农业防治

秋冬季和初春，及时清理果园中病僵果、病虫枝条、病叶等病组织，集中烧毁或深埋，减少果园初侵染菌源和虫源。合理间作，适当稀植。采用滴灌、树下铺膜等技术。加强夏季管理，避免树冠郁蔽。加强土、肥、水管理，合理修剪，采用果实套袋措施。合理施肥、浇水，增强树体的抗病虫性。搞好架下松土保墒，改善不良条件。

花后至果穗形成期，结合抹芽、除副梢，摘掉病芽、病梢；扑杀天牛成虫和天蛾幼虫，利用夏剪改善通风透光条件。对摘除的病梢病芽做深埋或集中烧毁处理。

2. 物理防治

根据害虫生物学特性，采取糖醋液、树干缠草绳和杀虫灯诱杀等方法诱杀害虫。

3. 生物防治

人工释放赤眼蜂，以助迁和保护瓢虫、草蛉、捕食螨等天敌。应用微生物苏云金杆菌（Bt）、白僵菌、核多角型病毒颗粒体制剂等防治害虫。利用昆虫性激素诱杀或干扰成虫交配。

4. 化学防治

严格按照 GB 4285、GB 8321 的要求控制施药量与安全间隔期，农药的混剂执行其中残留性最大的有效成分的安全间隔期。持续采收时，应做到先采收后施药，在采收前 20 天不准施用化学杀虫剂。允许使用的农药，每年每种最多使用 2 次，安全间隔期在 20 天以上；限制使用的农药，每年每种最多使用 1 次，安全间隔期在 30 天以上，详见表 4－8、表 4－9、表 4－10、表 4－11。

表 4－8　葡萄园允许使用的主要杀虫杀螨剂

农药品种	毒性	稀释倍数和使用方法	防治对象
1% 阿维菌素乳油	低毒	5 000 倍液，喷施	叶螨
0.3% 苦参碱水剂	低毒	800～1 000 倍液，喷施	蚜虫、叶螨等
10% 吡虫啉可湿性粉剂	低毒	5 000 倍液，喷施	蚜虫、金纹细蛾、斑叶蝉、斑衣蜡蝉等
25% 灭幼脲 3 号悬浮剂	低毒	1 000～2 000 倍液，喷施	葡萄虎蛾、桃天蛾等
50% 辛脲乳油	低毒	1 500～2 000 倍液，喷施	葡萄虎蛾、桃天蛾等
50% 蛾螨灵乳油	低毒	1 500～2 000 倍液，喷施	葡萄虎蛾、螨类等
50% 马拉硫磷乳油	低毒	1 000 倍液，喷施	蚜虫、叶螨、卷叶虫等
50% 辛硫磷乳油	低毒	1 000～1 500 倍液，喷施	葡萄双棘长蠹、葡萄天牛等
25% 氯氰菊酯	低毒	1 000～1 500 倍液，喷施	葡萄大眼鳞象甲
20% 螨死净胶悬剂	低毒	2 000～3 000 倍液，喷施	葡萄瘿螨及其他螨类
15% 哒螨灵乳油	低毒	3 000 倍液，喷施	叶螨类

续表

农药品种	毒性	稀释倍数和使用方法	防治对象
40%蚜来多乳油	中毒	1 000～1 500 倍液，喷施	棉蚜及其他蚜虫等
99.1%加德士敌死虫乳油	低毒	200～300 倍液，喷施	叶螨类、蚧类
48%乐斯本	低毒	2 500 倍液，喷施	茶翅蝽、葡萄虎蛾、桃天蛾、棉蚜及其他蚜虫

表 4－9　葡萄园允许使用的主要杀菌剂

农药品种	毒性	稀释倍数和使用方法	防治对象
70%甲基托布津可湿性粉剂	低毒	800～1 000 倍液，喷施	白粉病、炭疽病、穗轴褐枯病、灰霉病、根腐病
50%多菌灵可湿性粉剂	低毒	600～800 倍液，喷施	白腐病、黑痘病、炭疽病
石硫合剂	低毒	发芽前 3～5 波美度，开花前后 0.3～0.5 波美度，喷施	白粉病、根腐病
石灰倍量式或多量式波尔多液	低毒	200 倍液，喷施	霜霉病、黑痘病、炭疽病、葡萄锈病、轮斑病
60%代森锰锌可湿性粉剂	低毒	600～800 倍液，喷施	轮斑病、黑痘病、褐斑病、炭疽病、黑腐病
70%乙膦铝锰锌可湿性粉剂	低毒	500～600 倍液，喷施	霜霉病、炭疽病
1%硫酸铜	低毒	100～150 倍液，灌根	根腐病
15%粉锈宁乳油	低毒	1 500～2 000 倍液，喷施	白粉病
50%硫胶悬剂	低毒	200～300 倍液，喷施	白粉病
75%百菌清	低毒	500～800 倍液，喷施	白腐病、黑痘病、炭疽病、黑腐病

表 4－10　葡萄园限制使用的化学农药

农药名称	最后一次施药距采收间隔期(天)
辛硫磷	30
氯氰菊酯	30
溴氰菊酯	30
氰戊菊酯	30

续表

农药名称	最后一次施药距采收间隔期(天)
除虫脲	30
双甲脒	40
噻螨酮	40
克螨特	40
百菌清	30
异菌脲	20
粉锈宁	10

表4-11 葡萄园禁止使用的化学农药

种类	农药名称	
杀菌剂	有机砷杀菌剂	甲基砷酸锌、甲基砷酸铁铵、福美甲砷、福美砷
	有机锡杀菌剂	三苯基醋酸锡、三苯基氯化锡
	有机汞杀菌剂	氯化乙基汞(西力生)、醋酸苯汞(赛力散)
	氟制剂	氟化钙、氟化钠、氟乙酰胺、氟铝酸钠、氟硅酸钠、氟乙酸钠
	卤代烷类熏蒸	二溴乙烷、二溴氯丙烷
杀虫剂	有机磷杀虫剂	甲拌磷、乙拌磷、久效磷、对硫磷、甲基对硫磷、甲胺磷、甲基异柳磷、氧乐果、磷胺
	氨基甲酸酯杀虫剂	克百威、涕灭威、灭多威
	有机氯杀虫剂	滴滴涕、六六六、林丹、艾氏剂
	无机砷杀虫剂	砷酸钙、砷酸铅
	二甲基甲脒杀虫螨剂	杀虫脒
	有机氯杀螨剂	三氯杀螨醇
	取代苯类杀虫剂	五氯硝基苯、五氯苯甲醇
除草剂	二苯醚类除草剂	除草醚、草枯醚

(九)植物生长调节剂类物质的使用

在葡萄生产中应用的植物生长调节剂主要有赤霉素类、细胞分裂素类及延缓生长和促进成花类物质等。允许有限度使用对改善树冠结构和提高果实品质及产量有显著作用的植物生长调节剂,如苄基腺嘌呤、6-苄基腺嘌呤、赤霉素类、乙烯利等；允许使用的植物生长调节剂，使用时要严格按照规定的浓度、时期使用，每年最多使用一次，安全间隔期在20天以上。禁止使用对环境造成污染和对人体健康有危害的植物生长调节剂，如比久、萘乙酸、2,4-D等。

(十)果实的采收和贮运

1. 采收时期

果实可溶性固形物达到15%以上时可确定为成熟。

采收时，前10天停止浇水，采摘时间应在早晨果面露水已干时开始，中午气温过高时停采。采摘时应从穗梗的基部将果穗剪下，要注意轻拿轻放，保护好果粉。采后应根据果穗大小、穗形、着色、单粒重、糖度等标准进行分级，放在阴凉处或立即进保鲜库进行预冷。采收时运输用具和贮存场所要清洁卫生，不与有毒、有害、有异味的物品混装，并防晒、防淋、防冻。

2. 保鲜贮藏

将采收的葡萄装入有内衬保鲜袋的箱中，并尽快运入保鲜库，打开保鲜袋上口在-1℃条件下预冷15~24小时，根据不同品种按照不同标准要求放入保鲜剂，并立即封袋，以防果梗干缩。禁止使用葡萄催熟剂。

3. 运输

装车卸车应轻拿轻放、忌挤压。长途运输应选用有冷藏性能的运输工具。

四、无公害桃生产技术规程

(一)园地选择与规划

1. 园地选择与规划

选择生态条件良好、土层深厚、土质疏松、风沙较小且远离污染源的地区。土壤质地以沙壤土或壤土为好，pH值4.5~7.5，有机质含量1%以上，地下水位在1.0m以下。不要在重茬地建园。

园地规划包括小区划分、道路及排灌系统设置、分级包装车间建设等。平地及缓坡地栽植，行向以南北为宜。山地、丘陵地，栽植行应沿等高线延长。

(二)品种选择和砧木选择

根据气候条件，结合品种的类型、成熟期、品质、耐贮运性、抗逆性等特性，同时考虑市场、交通、消费和社会经济等综合因素选择主栽品种。主栽品种与授粉品种的比例一般在(5~8):1；当主栽品种的花粉不稳时，与授粉品种的比例提高至(2~4):1。砧木以毛桃或山桃为主。

（三）栽植

1. 栽植时期

秋季落叶后至翌年春季桃树萌芽前均可以栽植，以秋栽为宜，冬季易发生冻害，干旱区宜在春季栽植。

2. 栽植密度

应根据园地的立地条件（包括气候、土壤和地势等）、品种、整形修剪方式和管理水平等而定，一般株行距为（2～4）m×（4～6）m。土壤肥沃地势平坦的地块，株行距为（3～4）m×（5～6）m；丘陵、坡地株行距为（2.5～3）m×（4～5）m。

3. 栽植方法

定植穴长、宽、深均为80cm，在沙土瘠薄地可适当加大。每穴施入约20kg农家肥。栽植前，对苗木根系用1%硫酸铜溶液浸5小时后，再放到2%石灰液中浸2小时进行消毒。栽植时，要将根系舒展开，苗木扶正，嫁接口朝迎风方向，填土一半时轻轻向上提苗，填土2/3时踏实，使根系与土充分密接。然后填满踏实。栽植深度以根颈部与地面相平为宜。栽植完毕后，立即灌水。

（四）土肥水管理

1. 土壤管理

每年秋季果实采收后，结合秋施基肥扩穴、深翻、改土。扩穴深翻的要求是：在定植穴（沟）外，挖环状沟或平行沟，沟宽50cm，深30～45cm。全园应逐年将栽植穴外的土壤全部深翻。土壤回填时混入腐熟的有机肥，然后充分灌水。果园生长季降雨或灌水后，及时进行中耕松土；中耕深度5～10cm，春季浅、夏秋深。提倡果园覆草、生草制，覆草可以用麦秸、麦糠、玉米秸、干草等。覆盖于树冠下，厚度10～15cm，上面压少量土。果园生草，应选择与桃树无共性病虫害，属浅根、矮秆植物的草类，以豆科、禾本科植物为宜。适时刈割翻埋于土壤或覆盖于树盘。

2. 施肥

提倡使用有机肥料，包括经腐熟的堆肥、沤肥、厩肥、沼气肥、绿肥、作物秸秆肥、泥肥、饼肥等农家肥和商品有机肥、有机复合（混）肥、腐殖酸类肥料等。禁止使用未经无害化处理的城市垃圾。科学使用化肥，包括氮、磷、钾等大量元素肥料和微量元素肥料及其复合肥料等，控制使用含氯化肥。

3. 施肥时期、方法和数量

基肥主要是以农家肥为主的有机肥，农家肥不足时可施用化肥。

施入时期：幼树9月下旬施入；结果树，果实采收后、果树落叶前施入。用量：幼树 25～50kg/株；结果树，100～150kg/株。

土施追肥。主张于发芽期、开花后、硬核始期、采收后 4 次施入。前期以氮肥为主，中后期配合磷、钾肥或复合肥。

用肥量视结果情况而定，一般每生产 100kg 果实，施纯氮 0.6～0.8kg、纯磷 0.3～0.5kg、纯钾 0.6～0.8kg。

叶面施肥。盛花期喷施 0.2% 的硼砂；花后结合喷药喷施 0.3% 尿素和 0.3% 磷酸二氢钾等。

4. 水分管理

于芽萌动期、果实迅速膨大期和落叶后封冻前适时灌水。提倡按桃需水临界期灌溉。灌水量，使根系集中分布层在灌水后含水量能达到田间最大持水量的 70%～80%。提倡节水灌溉，采用地面管灌、喷灌、滴灌等。注意设置排水系统，在多雨季节通过沟渠及时排水。

（五）整形修剪

1. 常用树形

桃树常用的树形有三主枝开心形和两主枝开心形等。

（1）三主枝开心形。干高 40～50cm，选留三个主枝，在主干上分布错落有致，主枝方位不要在正南；主枝分枝角度在 50°～70°；每个主枝配置 2～3 个侧枝，侧枝开张角度 70°左右。

（2）两主枝开心形。干高 40～50cm，两主枝角度 60°～80°，主枝上着生结果枝组或直接培养结果枝。

2. 不同时期修剪

幼树期主要以整形为主，尽快扩大树冠，培养牢固的骨架。对骨干枝、延长枝适度短截，对非骨干枝轻剪长放，提早结果，逐渐培养各类结果枝组。

结果期修剪以保持树势平衡，培养各种类型的结果枝组为目标。中后期要抑前促后，回缩更新，培养新的枝组，防止早衰和结果部位外移。结果枝组要不断更新。应重视夏季修剪。

衰老期修剪以更新复壮、恢复树势、延长其结果年限为目标。利用内膛徒长枝更新树冠，骨干枝缩剪加重，依衰弱程度缩到 3～5 年生部位，缩剪骨干枝时保持主侧枝间的从属关系。对衰弱的骨干枝可利用位置适当的大枝组代替。加强枝组的回缩更新，多留预备枝，疏除细弱枝，养分集中于有效果枝。

（六）花果管理

1. 疏花疏果

疏花在大蕾期进行；疏果从落花后2周到硬核期前进行。具体步骤：先里后外先上后下；疏果首先疏除小果、双果、畸形果、病虫果，其次是朝天果、无叶果枝上的果。选留部位以果枝两侧和向下生长的果为好。长果枝留3～4个，中果枝留2～3个，短果枝、花束状结果枝留1个或不留。一般每亩2 000kg。

2. 果实套袋

在定果后及时套袋。套袋前要喷一次杀菌、杀虫剂。套袋顺序为先早熟后晚熟，坐果率低的品种可晚套。除袋一般在果实成熟前10～20天进行；不易着色的品种和光照不良的地区可适当提前除袋。除袋前，单层袋先将底部打开，逐渐将袋去除；双层袋应分两先除外层袋，后除内层袋。果实成熟期雨水集中的地区、裂果严重的品种也可不除袋。

（七）病虫害防治

按照病虫害的发生规律和经济阈值，以农业和物理防治为基础，提倡生物防治，科学使用化学防治技术。

1. 农业防治

合理修剪，保持树冠通风透光良好；合理负载，保持树体健壮。通过剪除病虫枝、人工捕捉、清除枯枝落叶、翻树盘、地面秸秆覆盖、地面覆膜、科学施肥等措施，抑制或减少病虫害发生。

2. 物理防治

根据病虫害生物学特性，采取糖醋液、频振式杀虫灯、树干缠草把、黏虫带和防虫网等方法诱杀害虫。

3. 生物防治

保护瓢虫、草蛉、捕食螨等天敌；利用有益微生物或其代谢物，如昆虫性外激素诱杀害虫。

4. 化学防治

根据防治对象的生物学特性和危害特点，推广使用生物源农药、矿物源农药和低毒有机合成农药，有限度地使用中毒农药，禁止使用剧毒、高毒、高残留农药；限制使用的农药，每年每种最多使用1次，安全间隔期在30天以上；允许使用的农药，每年每种最多使用2次，安全间隔期在20天以上，详见表4－12、表4－13、表4－14、表4－15。

表4-12 桃园允许使用的主要杀虫杀螨剂

农药品种	毒性	稀释倍数和使用方法	防治对象
1%阿维菌素乳油	低毒	5 000倍液,喷施	叶螨、金纹细蛾
0.3%苦参碱水剂	低毒	800~1 000倍液,喷施	蚜虫、叶螨等
10%吡虫啉可湿性粉剂	低毒	5 000倍液,喷施	蚜虫、金纹细蛾等
25%灭幼脲3号悬浮剂	低毒	1 000~2 000倍液,喷施	金纹细蛾、桃小食心虫等
50%辛脲乳油	低毒	1 500~2 000倍液,喷施	金纹细蛾、桃小食心虫等
50%蛾螨灵乳油	低毒	1 500~2 000倍液,喷施	金纹细蛾、桃小食心虫等
20%杀铃脲悬浮剂	低毒	8 000~10 000倍液,喷施	桃小食心虫、金纹细蛾等
50%马拉硫磷乳油	低毒	1 000倍液,喷施	蚜虫、叶螨、卷叶虫等
50%辛硫磷乳油	低毒	1 000~1 500倍液,喷施	蚜虫、桃小食心虫等
5%尼索朗乳油	低毒	2 000倍液,喷施	叶螨类
10%浏阳霉素乳油	低毒	1 000倍液,喷施	叶螨类
20%螨死净胶悬剂	低毒	2 000~3 000倍液,喷施	叶螨类
15%哒螨灵乳油	低毒	3 000倍液,喷施	叶螨类
40%蚜来多乳油	中毒	1 000~1 500倍液,喷施	棉蚜及其他蚜虫等
99.1%加德士敌死虫乳油	低毒	200~300倍液,喷施	叶螨类、蚧类
苏云金杆菌可湿性粉剂	低毒	500~1 000倍液,喷施	卷叶虫、尺蠖、天幕毛虫等
10%烟碱乳油	中毒	800~1 000倍液,喷施	蚜虫、叶螨、卷叶虫等
5%卡死克乳油	低毒	1 000~1 500倍液,喷施	卷叶虫、叶螨等
25%扑虱灵可湿性粉剂	低毒	1 500~2 000倍液,喷施	介壳虫、叶蝉
5%抑太保乳油	中毒	1 000~2 000倍液,喷施	卷叶虫、桃小食心虫

表 4 - 13　桃园允许使用的主要杀菌剂

农药品种	毒性	稀释倍数和使用方法	防治对象
5% 菌毒清水剂	低毒	萌芽前 30 ~ 50 倍液，涂抹，100 倍液，喷施	腐烂病，枝干轮纹病
腐必清乳剂（涂剂）	低毒	萌芽前 2 ~ 3 倍液，涂抹	腐烂病、枝干轮纹病
2% 农抗 120 水剂	低毒	萌芽前 10 ~ 20 倍液，涂抹，100 倍液，喷施	腐烂病、枝干轮纹病
80% 喷克可湿性粉剂	低毒	800 倍液，喷施	斑点落叶病、轮纹病、炭疽病
80% 大生 M－45 可湿性粉剂	低毒	800 倍液，喷施	斑点落叶病、轮纹病、炭疽病
70% 甲基托布津可湿性粉剂	低毒	800 ~ 1 000 倍液，喷施	斑点落叶病、轮纹病、炭疽病
50% 多菌灵可湿性粉剂	低毒	600 ~ 800 倍液，喷施	轮纹病、炭疽病
40% 福星乳油	低毒	6 000 ~ 8 000 倍液，喷施	斑点落叶病、轮纹病、炭疽病
1% 中生菌素水剂	低毒	200 倍液，喷施	斑点落叶病、轮纹病、炭疽病
27% 铜高尚悬浮剂	低毒	500 ~ 800 倍液，喷施	斑点落叶病、轮纹病、炭疽病
石硫合剂	低毒	发芽前 3 ~ 5 波美度，开花前后 0.3 ~ 0.5 波美度，喷施	白粉病、霉心病
50% 扑海因可湿性粉剂	低毒	1 000 ~ 1 500 倍液，喷施	斑点落叶病、轮纹病、炭疽病
石灰倍量式或多量式波尔多液	低毒	200 倍液，喷施	斑点落叶病、轮纹病、炭疽病
70% 代森锰锌可湿性粉剂	低毒	600 ~ 800 倍液，喷施	斑点落叶病、轮纹病、炭疽病
70% 乙膦铝锰锌可湿性粉剂	低毒	500 ~ 600 倍液，喷施	斑点落叶病、轮纹病、炭疽病
843 康复剂	低毒	5 ~ 10 倍液，涂抹	腐烂病
68.5% 多氧霉素	低毒	1 000 倍液，喷施	斑点落叶病等
1% 硫酸铜	低毒	100 ~ 150 倍液，灌根	根腐病
15% 粉锈宁乳油	低毒	1 500 ~ 2 000 倍液，喷施	白粉病
50% 硫胶悬剂	低毒	200 ~ 300 倍液，喷施	白粉病
75% 百菌清	低毒	500 ~ 800 倍液，喷施	轮纹病、炭疽病、斑点落叶病

表 4-14 桃园限制使用的主要农药品种

农药品种	毒性	稀释倍数和使用方法	防治对象
48%乐斯本乳油	中毒	1 000～2 000 倍液,喷施	棉蚜、桃小食心虫
50%抗蚜威可湿性粉剂	中毒	800～1 000 倍液,喷施	黄蚜、瘤蚜等
25%辟蚜雾水分散粒剂	中毒	800～1 000 倍液,喷施	黄蚜、瘤蚜等
2.5%功夫乳油	中毒	3 000 倍液,喷施	桃小食心虫、叶螨类
20%灭扫利乳油	中毒	3 000 倍液,喷施	桃小食心虫、叶螨类
30%桃小灵乳油	中毒	2 000 倍液,喷施	桃小食心虫、叶螨类
80%敌敌畏乳油	中毒	1 000～2 000 倍液,喷施	桃小食心虫
50%杀螟硫磷乳油	中毒	1 000～1 500 倍液,喷施	卷叶蛾、桃小食心虫、介壳虫
10%歼灭乳油	中毒	2 000～3 000 倍液,喷施	桃小食心虫
20%氰戊菊酯乳油	中毒	2 000～3 000 倍液,喷施	桃小食心虫、蚜虫、卷叶蛾等
2.5%溴氰菊酯乳油	中毒	2 000～3 000 倍液,喷施	桃小食心虫、蚜虫、卷叶蛾等

表 4-15 桃园禁止使用的化学农药

种类	农药名称	
杀菌剂	有机砷杀菌剂	福美砷
	有机汞杀菌剂	氯化乙基汞(西力生)、醋酸苯汞(赛力散)
	氟制剂	氟化钠、氟乙酰胺
杀虫剂	有机磷杀虫剂	乙胺磷、久效磷、对硫磷、甲基对硫磷、甲胺磷、甲基异柳磷、氧乐果、磷胺
	氨基甲酸酯杀虫剂	克百威、涕灭威、灭多威
	有机氯杀虫剂	滴滴涕、六六六、林丹、艾氏剂
	二甲基甲脒杀虫螨剂	杀虫脒
	有机氯杀螨剂	三氯杀螨醇
除草剂	二苯醚类除草剂	除草醚、草枯醚

(八)果实的采收和贮运

1. 采收

按成熟情况分期分批采收,果实采下后不可在太阳光下暴晒。盛果篮、篓要用麻袋、蒲包等垫衬,防止刺伤果实。

2. 运输

鲜桃后熟快、易碰伤、腐烂,应做到快装、快运,严禁日晒雨淋。装卸搬运时,要轻拿轻放。严禁与有毒、有腐蚀、有异味物品混运。长途运输,要采用低温保鲜措施。一般成熟度在七至八成,温度保持在5~10℃。

3. 贮藏

桃不宜长时间贮藏。短期贮藏宜采用气调冷库,适宜温度1~4℃,相对湿度90%~95%,氧气在1%~5%,二氧化碳2%~5%。

五、无公害杏生产技术规程

(一)建园

1. 园址选择

建园选择生态条件良好、土层深厚、土质疏松、风沙较小且远离污染源的地区。土壤质地以沙壤土或壤土为好,pH值6.5~8.0为宜,有机质含量1%以上,地下水位在1.0 m以下。不要在重茬地建园。

栽植前,平川地进行土地平整和盐碱地改良。山区、丘陵地修整水平梯田,土层浅和沙石多的地方客土改良。

2. 品种选择

选择适应当地环境条件、丰产、抗病、果实综合性状优良、宜生食或加工、耐贮运的品种,注意搭配不同成熟期的品种和配置合适的授粉品种。杏树易遭晚霜危害,注意选用晚开花品种。

3. 授粉树配置

选择与主栽品种有良好杂交亲和性、花期一致、花粉量大的品种作授粉品种;采用行间配置,主栽品种与授粉品种的比例为(3~4)∶1。

4. 杏树栽植

在秋季苗木落叶后至土壤封冻前或翌春土壤解冻后至苗木发芽前及早栽植。株行距一般为(3~4)m×(4~5)m,南北行向。平川地区采用长方形栽植,山区丘陵地可采用等高栽植。

5. 栽植方法

定植坑长、宽、高均在0.8m以上，表土与底土分放。每坑施入腐熟有机肥50kg左右，与表土充分拌和填入坑内，然后灌足底水，土壤沉实后栽植。栽前将主要根系剪出新茬。栽植时埋土不要过深，以苗木根茎与地面相平为宜，根系要充分舒展。栽后踏实、浇水，1周后浇第二次水，水渗后封坑或覆地膜。秋栽苗木要埋土防寒，春季萌芽前扒土，扶正。定干后，套塑料袋，防止金龟子危害。

(二)土肥水管理

1. 土壤管理

封冻前耕翻树盘，生长季节及时中耕除草，松土保墒。幼树期行间间作豆科等矮秆作物。树盘内可覆压秸秆、杂草等，上面覆土。

2. 施肥

基肥以腐熟的农家肥为主，适量加入化肥，于9月下旬到10月上旬施入。幼树和初结果树每亩施基肥2 000～4 000kg。盛果期树施肥量应按结果量大小而定，一般每亩施基肥5 000kg。基肥施入量占年施肥量的70%以上。采用放射状沟施、环状沟施和条沟施等施肥方法。追肥在萌芽前和硬核期，追施速效氮肥，适量配合磷、钾肥。采后以追施磷、钾肥为主，少量配合氮肥。衰老树和弱树采收后适量加大氮肥的配合量。成龄树年施入量每亩施纯氮20kg、纯磷10kg、纯钾20kg。化肥采用穴施。叶面喷肥分别在花前喷0.5%～1%的尿素水溶液(喷树干)；花期喷0.3%硼砂加0.3%尿素混合液；花后喷0.3%尿素加0.3%磷酸二氢钾；果实膨大期喷0.3%～0.4%的磷酸二氢钾；花芽分化期每隔半月喷1次0.2%～0.4%磷酸二氢钾。

3. 灌水

在萌动期(最迟不能晚于花前10～12天)、硬核期、采收后、秋施基肥后和土壤封冻前各浇水1次。一般采用畦灌、沟灌。水源缺乏的地方，采用穴贮肥水灌溉。有条件的地区，可采用滴灌、渗灌、喷灌等节水灌溉技术。

杏园应设置排水沟，并注意及时排涝。

(三)主要树形

杏树常采用的树形有自然圆头形、疏散分层形、自然开心形和杯状形等。

1. 自然圆头形

主干高60～80cm，无明显中心干，在整形带内有5～6个主枝，均匀错落有致地分布在主干上，每主枝上有2～3个侧枝。树高3.5～4m。

2. 疏散分层形

主干高60~80cm,有明显中心干,全树有6~8个主枝,分层排列在中心干上。第一层主枝3~4个,第二层主枝2~3个,第一、第二层主枝的层间距60~80cm。第三层主枝1~2个,第二、第三层主枝的层间距40~60cm。各层内主枝间的距离15cm左右。树高4~4.5m。

3. 自然开心形

适于山区密植杏园。没有中央领导干,主干高60cm左右,主干上着生3~4个均匀错开的主枝,主枝基角45°~50°,主枝上着生侧枝,其上配置结果枝组。

4. 杯状形

主干高50~70cm,环树中心有方向各异的主枝4~5个,主枝基角50°~60°,距树体中心60~80cm处向上直立生长,无中心干,形成中空状,主枝上不培养侧枝,直接着生结果枝组,主枝呈单轴延伸。树高3~4m。

(四)修剪

1. 按季节分

冬剪在落叶后至发芽前进行,但以早春进行最好;夏剪在萌芽以后至落叶以前的生长季节进行,夏剪主要是抹芽、摘心、疏间、扭梢、拉枝等。

2. 按树生长期分

幼树修剪:定植后在80~100cm剪截定干,剪口下留8~10个饱满芽。根据选用的树体结构,逐年选留各层主枝和侧枝,主枝延长枝短截留长40~50cm,侧枝延长枝短截留长30~40cm。主、侧枝以外的枝条作辅养枝处理,实行短截或长放,逐年培养成结果枝组。

初果期树修剪:继续培养各级骨干枝扩大树冠,同时注意开张主、侧枝角度,控制辅养枝。利用放缩结合的方法,培养结果枝组,促进花芽形成,达到早结果、多结果的目的。

盛果期树修剪:主要目的是调整生长和结果的关系,平衡树势,防止大小年的发生,延长盛果期的年限,实现高产稳产。主要内容为延长枝的短截、各类果枝的短截和疏间、枝组的更新。

衰老树更新修剪:根据树的衰老程度,进行骨干枝的回缩修剪,充分利用徒长枝和新萌发的枝条更新恢复树冠。

(五)花果管理

1. 花期放蜂

每3~5亩杏园放置1箱蜂,开花前1天放蜂,至花后结束。

2. 人工辅助授粉

采用喷粉或液体喷雾。喷粉时，花粉与滑石粉或淀粉按其体积 1:(30~40)的比例混合均匀后喷布。液体喷雾时，花粉液的花粉、葡萄糖、硼酸和水按 1:2:2:500 的比例配制而成，于盛花期喷布，随配随喷。

3. 喷清水、硼、尿素

在盛花期喷布 2~3 次清水或 0.3% 硼酸或 0.3% 尿素 +0.3% 硼酸，可提高坐果率。

防止晚霜危害：采用冬季重剪配合夏季摘心、早春浇水、早春树干涂白延迟开花。发芽前喷 0.8%~1.5% 的食盐水，或 60 倍的抑蒸保温剂，或 200 倍高脂膜，或 500~2 000mg/kg 青鲜素等，以延迟花期或增强花器抗冻能力。花期前后有大风降温时，及时浇水防冻。采用熏烟法防止辐射霜冻。引起杏树冻害的临界温度为初花期 -3.9℃，盛花期 -2.2℃，幼果期 -0.6℃。在接到霜冻预报之后，及时点燃堆草或烟雾剂。在条件较好的地方可以试用果园增温器、吹风机等装置。

5. 疏果

于落花 20 天后先去除病虫果、伤残果和畸形果，再疏去过密果。中、小型果，按叶果比(15~20):1留果，大型果按叶果比 25:1留果，或按距离(5~8)cm 左右留果 1 个。

(六)病虫害防治

杏树的主要病害有细菌性穿孔病、杏疔病、流胶病、杏褐腐病、杏疮痂病和根腐病；害虫主要有杏球坚蚧、桑白蚧、龟蜡蚧、红颈天牛、山楂红蜘蛛、桃蚜、杏仁蜂、桃小食心虫、桃蛀螟等。

防治按照病虫害的发生规律和经济阀值，以农业防治和物理防治为基础，提倡生物防治，科学使用化学防治技术，有效控制病虫危害。

1. 生物防治

利用害虫天敌控制虫害的发展，各害虫的天敌见表 4-16。

表 4-16　杏树害虫的主要天敌

害虫名称	天敌与使用方法及注意事项
桃蚜	天敌有瓢虫、食蚜蝇、草蛉和蜘蛛等。要尽量少喷药，以利保护天敌
山楂红蜘蛛	东方植绥螨等

续表

害虫名称	天敌与使用方法及注意事项
杏球坚蚧	天敌有黑缘红瓢虫和寄生蜂。当杏球坚蚧与黑缘红瓢虫比例小于50∶1时，可不用药防治
桑白蚧	天敌有红点唇瓢虫、日本方头甲寄生蜂和草蛉
龟蜡蚧	天敌有瓢虫类如七星瓢虫、红点瓢虫等，草蛉类如丽草蛉、叶色草蛉等，寄生蜂类如长盾金小蜂、夏威夷软蚧蚜小蜂等
小蠹虫	天敌有寄生蜂、白僵菌、寄生螨和蚂蚁等。在幼虫孵化盛期，每公顷投放寄生蜂100对，可获得较好的效果
桃小食心虫	天敌有桃小食心虫甲腹茧蜂、中国齿腿姬蜂；菌类有白僵菌
舟形毛虫	天敌有赤眼蜂等。在7月中下旬卵发生期，释放赤眼蜂灭卵，效果较好；老熟幼虫入土期地面撒白僵菌，撒后耙入土中，杀死越冬的幼虫
天幕毛虫	天敌有赤眼蜂、姬蜂、绒茧蜂等
桃蛀螟	黄眶离缘姬蜂、广大腿小蜂

2. 农业防治

①不在黏重地、涝洼地和重茬地建立杏园，杏树行间禁止育苗。进行土壤熟化，增施有机肥，改善土壤的理化性能，可提高树体的抗病力，有利于预防焦边病、流胶病、细菌性穿孔病、根腐病等。②夏剪，及时合理地进行夏剪，改善树体通风透光条件，可预防流胶病、杏褐腐病、杏疮痂病等或减轻其发病程度。③要及时防治蛀果害虫如杏象甲、桃小食心虫、杏仁蜂等和蛀干害虫如天牛类、小蠹虫类等，保护树体，避免造成伤口，对预防流胶病和杏褐腐病有一定的效果。④对已被根腐病病菌侵染的病株，应及时疏除幼果，根腐病病株死亡后，应尽早刨除和烧毁，并向穴内灌药，对土壤彻底消毒1次。⑤杏园行间或附近，不宜种植烟草和白菜等植物，以减少蚜虫的夏季繁殖场所。

3. 人工防治

主要病害的人工防治：①摘除杏疔病病叶。杏疔病一般5月产生症状，可于杏树生长季节及时剪除病叶、病梢，集中深埋或烧毁。②及时清除树上、树下的褐腐病病果，带出果园或集中深埋。

主要害虫的人工防治：①刷除害虫。对于漏刷的杏球坚蚧和桑白蚧等介壳虫，在其未脱出蜡壳前，仍可用毛刷、草把等刷除。②树干涂白涂剂防治红颈天牛产卵。于6月红颈天牛成虫产卵前，在主干基部涂白涂剂（生石灰10kg，硫黄粉 1kg，食盐 0.2kg，兽油 0.2kg，水 40L），防止成虫产卵。③人工捕杀害虫。在红颈天牛成虫出现期，利用其午间静息的习性进行人工捕捉；注意在雨后晴天，成虫最多。在杏象甲成虫出现期，清晨振树，利用其假死性进行人工捕杀。利用天幕毛虫的假死性，振动树干，消灭群集幼虫。人工捕杀东方金龟子。④捡拾落果，将带虫落果深埋或烧毁，消灭杏象甲幼虫和桃小食心虫。⑤诱杀害虫。根据害虫的行为趋向性，选择制剂或物品进行诱杀。落花后至果实采收前可采用诱杀法的主要害虫见表4－17。

表 4－17　杏树害虫的诱杀方法

防治对象	诱杀物品	使用时间	浓度和方法
东方金龟子	黑光灯	杏树萌芽时，5～7 月	在成虫发生期田间设置黑光灯诱杀
小蠹虫	半枯死枝	5～6 月	成虫出树前，田间放置半枯死枝，诱集成虫产卵，产卵后集中烧毁
桃蛀螟	黑光灯、糖醋液	5 月下旬至 9 月下旬	在园内设置黑光灯和糖醋液诱杀成虫
红颈天牛	糖醋液	6 月开始，雨后最多	田间每隔 30m，距地面 1m 左右挂一瓶糖醋液诱杀成虫
桃小食心虫	性诱剂	6 月中下旬	田间悬挂人工合成的桃小性诱剂诱芯，诱杀雄成虫，最好用带引诱剂的黏虫板

4. 化学防治

（1）主要病害的化学防治。①细菌性穿孔病：于落花期喷布 72% 硫酸链霉素可溶性粉剂 3 000～4 000 倍液，或机油乳剂：代森锰锌：水＝10：1：（500～800），或硫酸锌石灰液（硫酸锌 0.5kg、消石灰 2kg、水 120L），每隔 15 天喷 1 次，连喷 3～5 次，可有效控制细菌性穿孔病。②杏褐腐病和杏疮痂病：于落花后至果实采收前 20 天，喷布 80% 多菌灵可湿性粉剂 1 200～1 500 倍液，或 70% 代森锰锌可湿性粉剂 600～800 倍液，或 70% 甲基硫菌灵可湿性粉剂 800～1 000 倍液。每隔 15 天喷 1 次，连喷 4～5 次，几种药要交替使用。也可用 1：2：200 的硫酸锌石灰液，防治杏疮痂病。③根腐病：可采用给根腐病病树灌根防治此病害。灌根于 4 月中旬至 5 月中旬进行。大树从树冠下离树干 50cm 开始挖沟，沟宽、深各 30cm，沟与沟间隔 50cm，依树体大小每病株挖 1～2 条沟，每株灌药 15～

30L;小树每隔 30 ~ 50cm 挖 1 个坑,每株灌药 5 ~ 10L。灌药后回填原土。可用硫酸铜 200 倍液、3 ~ 5 波美度石硫合剂。病情严重时,应多次灌根,药剂要交替使用。

注意生长季节禁止使用波尔多液,以免产生药害。

(2)主要虫害的化学防治。

1)树体喷药:

a. 桃蚜。根据蚜虫发生程度(最晚在卷叶前),喷布 10% 吡虫啉可湿性粉剂 3 000 ~5 000 倍液,喷药要及时、细致、周到,1 周喷 1 次药即可控制。也可用 0. 3% 苦参碱水剂 800 ~1 000 倍液,或 10% 烟碱乳油 800 ~1 000 倍液。在药液中加入中性洗衣粉 800 倍液能增加防治效果。注意尽量少喷药,以利于保护天敌。

b. 杏象甲。在成虫发生期,喷布 15% 高效氯氰菊酯乳油 1 500 ~2 000 倍液,或 20% 氰戊菊酯乳油 2 000 ~3 000 倍液,或 80% 敌敌畏乳油 1 000 倍液。

c. 杏仁蜂。落花后喷布 20% 氰戊菊酯乳油 3 000 倍液,消灭成虫,防止产卵。于 5 月中下旬成虫羽化期,在地面每株撒 3% 辛硫磷颗粒剂 250 ~300 克,或 25% 辛硫磷胶囊 30 ~50 克,或 50% 辛硫磷乳油 30 ~50 倍液,撒药后浅耙,使药土混合。

d. 山楂红蜘蛛。5 月下旬至 6 月孵化为幼虫。防治的关键时期为卵代幼虫孵化期,可喷布 1. 8% 阿维菌素乳油 4 000 ~5 000 倍液,或 15% 哒螨灵乳油 2 000 ~3 000 倍液,或 0. 3% 苦参碱水剂 800 ~1 000 倍液。喷药时加入中性洗衣粉 800 ~1 000 倍液,效果更佳。

e. 介壳虫。在介壳虫孵化后至虫体未分泌蜡质之前喷药防治,喷布渗透性强的油乳剂或强内吸剂。可选用 40% 杀扑磷乳油 1 000 ~1 500 倍液,或 48% 毒死蜱乳油 1 200 倍液,或 4. 5% 高效氯氰菊酯乳油 1 200 倍液。喷高效氯氰菊酯时必须加入中性洗衣粉 300 倍液,其他剂型加入洗衣粉 300 ~800 倍液,以增加药剂的附着力和防治效果。喷布要细致周到,不漏枝,不漏叶。

f. 小蠹虫。在 5 ~6 月小蠹虫成虫出树后至产卵前,喷布 80% 敌敌畏乳油 1 500 倍液,或 25% 溴氰菊酯乳油 1 500 倍液,重点是枝干。

g. 桃小食心虫。于 6 月中下旬成虫羽化期和幼虫孵化期(产卵后 6 ~7 天),喷布 4. 5% 高效氯氰菊酯乳油 1 500 ~2 000 倍液,或 75% 辛硫磷乳油 1 000 倍液,或 20% 甲氰菊酯乳油 2 000 ~2 500 倍液。

h. 桃蛀螟。在卵盛期至孵化初期喷布 50% 辛硫磷乳油 1 000 倍液,或 25%

灭幼脲乳油1 500～2 500倍液，或20%氰戊菊酯乳油2 500倍液，或2.5%高效氯氰菊酯乳油2 000～2 500倍液。注意落花后至果实采收前的这一时期内，往往有多种害虫同时危害树体，但一般都有主有次，要认真观察，根据虫害发生的种类和危害程度，选择喷药时间、药剂种类和浓度，是单独用药还是混合用药。用药前，最好先做药剂试验，以免产生药害，造成不必要的损失。

2）熏杀害虫：

a. 红颈天牛。于4～9月，在发现有虫粪的地方，采用挖、熏、毒的方法，杀灭红颈天牛幼虫，药剂可用80%敌敌畏乳油50倍液，棉球蘸药液塞入排粪孔后，封死孔口。

b. 小蠹虫。对已遭小蠹虫蛀食的杏树，用高压注射器向树干内压注80%敌敌畏乳油500倍液等杀虫剂，杀灭树干中的小蠹虫幼虫。用药量（ml）与树干周长（cm）相等。于小蠹虫成虫出树前用48%毒死蜱乳油1 000倍液或40%杀扑磷乳油1 000～1 500倍液涂抹树干。

（七）果实的采收和贮运

1. 采收时期

当杏达到可采成熟度时即可采收，产销两地距离近时，成熟度可高些；产销两地距离较远，成熟度可低些。

2. 采收方法

按由外至里、自下而上的顺序采摘。采摘时用手掌托住果实轻轻左右摇动，果实即可脱落。采摘后放入垫上软垫的篮内，防止碰伤、扎伤杏果，力求果实完好无损。

3. 运输

要做到轻拿轻放。长途运输应采用冷藏车运输，一般在0～5℃低温下运输。

4. 贮藏

机械冷库或自然通风冷藏库，贮存前杏果需先预冷12～24小时，使果温降至20℃以下再入库。入库后的第1～2天，库温保持在14～16℃，相对湿度85%左右，然后再降库温至0～1℃，相对湿度保持在90%左右。出库前1～2天升温，在与外界保有6～8℃的温差时才能出库。

5. 气调保鲜

在0℃温度、5%二氧化碳和3%氧气的气调条件下贮存鲜杏。

六、无公害樱桃生产技术规程

（一）园地选择

大樱桃树对土壤、气候要求比较严格，既怕旱又怕涝，建园时要选择土壤比较肥沃、土层深厚、透气性好、保水土强的沙壤土和壤土。土壤中性或偏酸性，pH 值 6.0～7.5。园地的地势高，地下水位较低，雨季不宜积水。园区有灌溉水源，干旱时能及时浇水，没有霜冻危害或危害较小的地方。

（二）苗木选择

选用丰产、优质、高效、抗逆性强的品种。如红灯、早大果、先锋、萨米脱、拉宾斯、美早、抉择、滨库等。苗木高度 1.3m 以上，嫁接部位上部 5cm 处直径 1cm，中部以上侧芽饱满，无损伤；侧根 3～5 条，须根较多。嫁接的砧木要与品种亲和力强，不带病毒或抗病毒，根系发达，抗逆性强。砧木可选择中国草樱桃、莱阳矮樱桃、山樱桃、马哈利、大青叶、吉塞拉系列等。要搭配好主栽品种和授粉品种，保证授粉品种和主栽品种授粉亲和力强，花期相遇。一般应有两个以上的授粉品种，授粉树比例 20%～30%。如红灯搭配巨好、佳好、滨库，先锋搭配拉宾斯、滨库、斯坦勒，雷尼尔搭配那翁、滨库、紫樱桃等。

（三）建园栽植

1. 整地施肥

栽植前平整土地，山丘地外高内低，泊地和宽幅梯田地起垄栽植。一般全面深翻或按行距挖宽 1m，深 0.8m 的栽植沟，或长、宽、深各 0.8m 的栽植穴。将沟土与肥料拌匀后回填沟内，并灌水沉实，以备栽植。施肥量一般每亩施有机肥 $3m^3$ 左右。

2. 适时栽植

春季 3 月中旬前后，芽萌动时栽植。

3. 栽植密度

根据立地条件、土壤肥力、苗木类型、品种特性等因素综合考虑。采用乔化砧木的株行距为（4～3）m×（5～4）m，采用矮化砧木的株行距为（3～2）m×4m，每亩定植 56～83 株。

4. 栽植方法

栽植时，苗木放在定植穴内，使根系自然、舒展，填土时，苗木略微上提，使根部与土壤密接，然后踏实。栽植深度与在苗圃中的深度相同，栽后充分浇水。水渗下后，用土封穴，并在苗木周围培起土堆，以利保蓄土壤水分，避免苗木被风吹弯。栽植后 15 天内，如天气干旱再浇一次水。

（四）果园管理

1. 土壤改良与中耕覆盖

土壤瘠薄的山地丘陵果园，采取扩穴深翻的方法，使活土层达到 60cm 以上，沙地果园采取抽沙换土或客土，黏土果园采取客土压沙，改良土壤。实行清耕制的果园，生长季节降雨或灌水后，及时中耕松土，保持土壤疏松无杂草。实行覆盖制的果园，在春夏季节每亩覆盖作物秸秆或杂草 1 000 ~ 1 500kg，覆盖厚度 10 ~ 15cm，上面适量压土，连覆 2 ~ 3 年后深翻 1 次。实行生草栽培的果园，春季或夏秋季，行间种植三叶草、苜蓿、黑麦草等，适时刈割，将鲜草覆盖在树盘内。

2. 肥水管理

一般要浇好花前水、硬核水、采前水和采后水。当天气干旱，土壤含水量降到田间最大持水量 60% 以下时，及时浇水，灌水以畦灌、穴灌、沟灌为主，有条件的采用滴灌或喷灌。雨季挖好排水沟，及时排出园内积水。施足基肥，追肥前期以氮肥为主，后期以磷、钾肥为主。具体方法是：秋季落叶前（9 月中旬到 10 月）施用 1 次基肥，以农家肥为主，混加少量氮素化肥，施肥量按 1kg 鲜果施 2 ~ 3kg 优质农家肥计算。盛果期果园一般每亩施 2 000 ~ 3 000kg 优质腐熟农家肥，沟施或撒施为主。沟施为挖放射沟或在树冠外围挖环状沟，沟深 20 ~ 30cm，施肥后浇水。撒施为将肥料均匀撒在树冠下，深翻 20cm。

土壤追肥每年 3 次，第一次在萌芽前后，以氮肥为主；第二次在果实膨大期，以磷、钾肥为主，氮、磷、钾混合使用；第三次在果实生长后期，以钾肥为主。施肥量以当地的土壤土壤条件和施肥方式而定。结果树一般每生产 100kg 大樱桃需追施纯氮 1kg，五氯化二磷 0.5kg，氯化钾 1kg。方法是树冠下开沟，沟深 15 ~ 20cm，追肥后及时灌水。

根外追肥全年 4 ~ 5 次，生长前期 2 次，以氮肥为主，后期 2 ~ 3 次，以磷肥为主。常用浓度为尿素 0.3% ~ 0.5%，磷酸二氢钾 0.2% ~ 0.3%，硼砂 0.1% ~ 0.3%。最后一次叶面喷肥要在距果实采收前 20 天前进行。

3. 整形修剪

根据栽植密度，干性强弱选用适宜的树形，如中密度、干性弱、根系较浅的品种可采用自然开心形；密植（3 ~ 2）m ×（3.5 ~ 3）m、干性强、根系较深的品种采用优良主干形。自然开心形无中心领导干，主干高 20 ~ 40cm，全树 3 ~ 4 个主枝，开张角度 30° ~ 40°，每个主枝留 5 ~ 6 个背斜或背后侧枝插空排列，开张角度70°~80°,单轴延伸,树高3~3.5m,树冠呈圆形或扁圆形。改良主干形,主干高50~60cm,中心领导干保持优势生长,其上配10个左右单轴延伸主枝,分层或螺旋着生,主枝角度近水平,树高3m左右,每年重点做好冬、夏季修剪。

夏季修剪在4~8月,应用抹芽、刻芽、拉枝、摘心、扭梢、剪梢等技术,主要调控树体长势,改善光照条件,促进花芽形成。

冬季萌芽应在萌芽前,根据树体生长发育状况,采取疏枝、缓放、短截、回缩等方法,剪口用愈合剂及时封闭,防治病菌传染,保护伤口愈合组织生长。冬季修剪时还要注意剪除病虫枝,清除病僵果。

4. 花果管理

花前灌水可推迟花期,降低或减轻晚霜危害,晚霜来临前可喷水预防冻害。花期进行人工授粉提高坐果率,推广花期放蜂辅助授粉,一般在开花初期每亩果园释放壁蜂100只左右。盛花期及时疏除弱质花、畸形花,生理落果结束后,疏去小果和畸形果,采收花适当摘除果实附近的遮光叶片,增加树冠内膛的透光量,促使果实全面均匀着色。为增加果实着色度,还可在果实采收前,树冠下铺反光膜。

(五)病虫害防治

1. 原则

按照“预防为主、综合防治”的原则,坚持“农业防治、物理防治为主,化学防治为辅”的无害化治理。

2. 具体防治

(1)农业防治。合理轮作,加强肥水管理等措施,调整果树营养状况,提高树体抗病能力,抑制病虫害发生。

(2)物理防治。根据害虫生物学特征,采取人工捕杀,树干绑草把和杀虫灯诱杀等方法防治害虫。

(3)化学防治。根据各时期病虫害发生种类、程度等,科学合理地选用农药进行防治,在加强病虫害预测预报的基础上,做到有针对性的适时用药。①休眠期(1月初至3月上旬):结合冬季修剪,涂刷3~5波美度石硫合剂,萌芽前15~20天,用30%机油石硫微乳剂800倍液加10%蚜虱净可湿性粉剂3 000倍喷雾清园,防治越冬蚜虫、介壳虫等害虫和穿孔病、叶斑虫等叶部病害。②萌芽期(3月中旬至4月初):全园喷一遍3~5波美度石硫合剂。根部病害较重的,扒土晾根,并用多菌灵200倍或波尔多液120倍灌根,每株用液量50kg。③开花期(4月中下旬):忌用杀虫杀菌剂,人工捕杀金龟子等害虫。花后用10%高效氯氰菊酯1 500倍喷雾防治害虫。④花芽形成期和新梢旺长期(7 月上中旬至 8 月上旬):雨后及时喷 70% 多菌灵 1 000 ~ 1 200 倍,或 75% 百菌清 500 ~ 600 倍,防治穿孔病、叶斑病。用 10% 溴虫腈悬浮剂 1500 倍或阿维菌素 3 000 ~ 4 000 倍喷雾,防治螨类、卷叶蛾等。⑤新梢缓慢生长期(8 月下旬至 9 月上旬):用菊酯类农药喷雾防治大青叶蝉;选用波尔多液、代森锰锌、农用链霉素叶面喷雾保护叶片。

(六)果实采收

1. 采收时期

根据果实成熟度、用途和市场需求,综合确定采收期。就地销售的应在果实充分成熟时采收,长途运输贮藏保鲜,应在八九分成熟时采收。成熟期不一致的,应分批采收。

2. 采收方法

采用人工采摘。中午高温、雨天、露水未干时不宜采收,以晴天傍晚采收为主。采收下来的果实,存放在干净阴凉处,及时剔除病果、僵果、烂果,根据要求进行分级、运输。

第五章　水果贮藏过程中的质量安全控制

第一节　贮藏方式选择

一、苹果

苹果的贮藏方式主要有简易贮藏、通风库贮藏、冷库贮藏、气调库贮藏等。

1. 简易贮藏

简易贮藏指不具备固定贮藏库设施，而是利用自然环境条件来进行的沟埋藏、堆藏、窖藏等。简易贮藏多数是在苹果产地进行，贮藏操作简便易行，贮藏成本低，若遇到某些气候条件适宜，贮藏效果较好。简易贮藏受自然条件影响较大，贮藏期间温度、湿度条件不能有效控制，所以贮藏期较短，贮藏质量较差，损耗较大，有时甚至会出现不同程度的热烂或冻损，质量安全控制能力较弱。

2. 通风库贮藏

通风库贮藏是利用自然通风换气降低贮藏库内的温度，以适应苹果贮藏的需要。这是我国北方苹果产区应用最普遍的贮藏方式之一。秋冬季节，自然温度变化幅度较大，但贮藏库温度要求保持恒温，通风贮藏库大多设置有冷气进口和热气出口控制设备，所以，通风贮藏库具有良好的隔热、隔冷性能。利用通风库贮藏苹果，只要修建合理，善于管理，就能取得较好的贮藏效果和达到质量安全控制水平。

3. 冷库贮藏

冷库贮藏是在良好的绝热建筑物中，装有机械制冷机组，并根据苹果品种对贮藏温度、湿度和通风换气的要求，对冷库系统进行人为的调节和控制，因而苹果冷库贮藏比自然通风库贮藏时间更长，效果更好，质量安全控制水平更高。

4. 气调库贮藏

气调库贮藏，又称气调冷库，是当今最先进的苹果保鲜贮藏方法。它是在冷藏保鲜的基础上，增加气体成分调节，通过对贮藏环境中温度、湿度、二氧化碳、氧气浓度和乙烯浓度等条件的控制，抑制苹果呼吸作用，延缓其新陈代谢过程，更好地保持苹果新鲜度和商品性，延长苹果贮藏期和销售货架期。通常气调贮藏比普通冷藏可延长贮藏期 2 ~ 3 倍。

二、葡萄

葡萄的贮藏方式主要有冷藏保鲜、化学防腐剂保鲜贮藏、现代葡萄贮藏法等。

1. 冷藏保鲜

冷藏保鲜是现代化葡萄贮藏保鲜的主要方式，这种贮藏方法不受环境条件的限制，在我国北方地区葡萄产区均可采用。其优点为降温决、冷却迅速，能维持葡萄所需的低温，达到葡萄保鲜和质量安全的目的。

2. 化学防腐剂保鲜贮藏

化学防腐剂保鲜贮藏包括二氧化硫熏蒸防腐剂保鲜、仲丁胺保鲜、S – M 和 S – P – N 水果保鲜剂保鲜等。

二氧化硫熏蒸防腐剂保鲜处理是目前提高葡萄贮藏质量普遍采用的方法。二氧化硫气体对葡萄上常见的真菌病害如灰霉菌等，有强烈的抑制作用，只要使用剂量适宜，对葡萄没有不利的影响。

仲丁胺保鲜是用仲丁胺防腐剂将葡萄处理后，放入聚乙烯塑料袋中密封，其保鲜效果良好。

S – M 和 S – P – N 水果保鲜剂是把熏蒸性的防腐保鲜剂密封在聚乙烯塑料袋中，让其放出二氧化硫气体，以抑制和杀灭霉菌，起到葡萄保鲜防腐作用。这种方法价格低廉，适于家庭贮藏葡萄之用。

3. 现代葡萄贮藏法

现代葡萄贮藏法包括气调贮藏、减压贮藏、低温低气压贮藏、天然保鲜剂贮藏、涂膜保鲜贮藏等。

气调贮藏是利用气调保鲜袋和气调库进行贮藏保鲜，科学调整贮藏环境中的气体成分，从而有效地抑制病菌的生长，起到延缓衰老、延长贮藏期和提高质量安全水平的目的。

减压贮藏、低温低气压贮藏是当今葡萄贮藏的一个发展方向，这种方法是将葡萄贮藏在密闭的室内，用真空泵抽出部分空气，使内部气压降到一定程度后，新鲜空气不断通过压力调节器后，变成近似饱和湿度的空气进入贮藏室，使贮藏物品长期处于最佳休眠状态，降低葡萄的呼吸强度和乙烯产生速度，阻止葡萄的生理病害。

天然保鲜剂贮藏是利用果蔬保鲜的天然物质如树干的干馏物、植物种子提取物、香料植物提取物、矿物质、含还原酶的天然物、谷维素、蛋白黑素、多糖和天然抗氧化剂等，采用浸液和喷撒法应用于葡萄贮藏中。

涂膜保鲜贮藏是用多糖涂膜葡萄能够在葡萄果实表面形成一层半透膜的方法，可有效地降低果实的呼吸作用，减少贮藏期间葡萄的发汗现象及其果实表面的水珠，进而减少病原菌的侵染，抑制真菌，增强自身的抗性，防止了葡萄褐变，保持了葡萄的原有风味，涂膜保鲜结合其他贮藏方式可有效延长葡萄贮藏时间，提高葡萄质量安全水平。

三、梨

梨的贮藏方式主要有简易贮藏、冷藏保鲜、气调库贮藏等。

1. 简易贮藏

简易贮藏是指利用自然环境条件来进行的土窑洞、埋藏、堆藏、窖藏和通风库贮藏等，充分利用当地的气候条件，创造梨适宜的温度、湿度环境，并利用土壤的保温作用来达到梨的贮藏保鲜效果。

2. 冷藏保鲜

冷藏保鲜是梨贮藏的主要形式之一，它是采用高于梨组织冻结的低温来实现保鲜的目的，冷藏可降低梨的呼吸代谢、病原菌的发病率和果实的腐烂率，达到阻止组织衰老、延长果实贮藏期。

3. 气调库贮藏

气调库贮藏是在冷藏保鲜的基础上，通过改变贮藏环境中气体成分的相对比例，降低梨的呼吸强度和自我消耗，抑制催熟激素乙烯的生成，减少病害发生，延缓梨的衰老进程，从而达到长期贮藏保鲜和质量安全的目的。

四、桃

桃的贮藏方式主要有常温贮藏、冰窖贮藏、冷库贮藏、气调贮藏等。

1. 常温贮藏

桃一般不采用常温贮藏方式，但由于运输和货架保鲜的需要，可采取一定的措施来延长桃的常温保鲜寿命。

(1)钙处理。用适量的氯化钙溶液浸泡2分或真空浸渗数分桃果，沥干液体，裸放于室内，对中熟、晚熟品种可提高耐藏性。

(2)热处理。可杀死病原菌孢子，防止腐烂。

(3)薄膜包装。用聚乙烯袋单果包装,与钙处理或热处理联合使用效果更好。

2. 冰窖贮藏

北方冬天天气寒冷,在没有机械冷库时,可以利用冰窖来贮藏某些较为耐藏的品种,如山东肥城桃、陕西冬桃。冰窖贮藏的方法:果农多在大寒前后人工凿取河流、湖泊中天然冻结的冰。没有天然冰源的地区,也可以在寒冷季节人工洒水造冰。将冰凿成大块,运至冰窖中贮藏备用,窖底冰块下铺秸秆,以防冰化后积水,然后密封窖门贮冰。到了桃的成熟季节,桃采收完毕,用凉水预冷,用纸单果包装入果筐或果箱中。将窖内冰块移开,窖底和四周码放一层冰块。将装满果实的容器放于冰上码垛,包装容器之间以碎冰填满,每堆完一层,就在其上面放一层冰块,重复交叠。贮藏中窖门一定要注意封严,必须开窖检查时,尽量缩短时间,以防外界高温对窖温的影响。一旦出现冰块融化、温度回升的情况,则立刻将果实出窖上市。

3. 冷库贮藏

冷库贮藏一般在0℃、相对湿度在90%的条件下,桃可贮藏15~30天。在冷藏过程中间歇升温处理可避免或减轻冷害,延长贮藏寿命。方法是将在-0.5~-0℃低温下冷藏的桃,每隔2周左右升温至室温(18~20℃)1~3天,之后恢复低温贮藏。

4. 气调库贮藏

目前,在国外油桃推荐采用0℃、1%氧气加5%二氧化碳的条件进行贮藏,贮藏期可达45天,比普通冷藏延长1倍时间。而我国对桃的气调贮藏尚在研究之中。在没有条件实现标准气调(CA)时,可采用桃保鲜袋加气调保鲜剂进行简易气调贮藏(MA)。具体做法为:桃采收预冷后装入冷藏专用保鲜袋,附加气调,扎紧袋口,袋内气体成分保持在氧气浓度0.8%~2%,二氧化碳浓度3%~8%,大久保、燕红、中秋分别可贮藏40天、55~60天、60~70天,果实仍保持正常的后熟能力和商品品质。

第二节　贮藏环境要求

水果在贮藏期间,无论采用哪种贮藏保鲜方式,其根本目标是减少水果病害发生、延长水果生命、提高质量安全水平,为实现这一目标,理想的贮藏环境显得尤为重要。贮藏期间,水果和病原微生物总是处在同一环境中,理想的贮藏环境，应该是既有利于延缓水果耐贮性、抗病性的衰降，又有利于抑制微生物活动。在水果贮藏保鲜中，要紧紧抓住这两个方面的要求，统筹兼顾质量安全控制，并使各方面要素得到合理配置，创造最佳的综合贮藏环境。

一、苹果

1. 温度

适宜的贮藏温度可以将苹果的代谢消耗降到最低，又不至于造成低温伤害。大部分苹果品种的适宜冷藏温度在 -1 ~0℃，气调贮藏的温度可以比冷藏高0.5 ~1℃。适宜的低温可以减轻苹果的虎皮病、斑点病、苦痘病、衰老褐变等生理病害，也可以在一定程度上抑制病菌的活动，减轻微生物病害。

2. 湿度

苹果的贮藏时间比较长。因此，要求贮藏环境的湿度必须要高，当相对湿度达到85% ~95%时，才能减少水分蒸发，保持果实的新鲜、饱满状态。当苹果的失水率达到5% ~6%时，果皮就会出现皱缩，影响外观质量，加快果实的呼吸和成熟衰老。湿度太大不仅有利于病菌活动，还会导致一些生理病害，有时甚至会导致裂果。

3. 气体成分

苹果是典型的呼吸跃变型果实，改变贮藏环境的气体成分对提高贮藏保鲜效果有特别明显的作用。一般认为在0 ~2℃的贮藏温度下，氧气含量在2% ~4%、二氧化碳含量在3% ~5%时比较合适。

但不同品种的适宜气体成分有差异，根据对气体成分的敏感性可以将苹果分为3 种类型：

不敏感型：在苹果贮藏前期，可以忍受低氧（1% ~2%）和高二氧化碳（10% ~20%），这一类型的品种主要有元帅系列（元帅、红星、新红星、艳红、首红、超红、红冠等）、金冠、乔纳金、青香蕉、倭锦、红玉等。

敏感型：在整个苹果贮藏期间，二氧化碳的浓度不能超过3%，氧气的浓度也不能低于3%，否则会发生生理伤害，这一类型的品种主要有富士系列、红印度、玉霞等。

中间型：在贮藏前期氧气不能低于2%，二氧化碳不能高于8%，贮藏中后期二氧化碳不能高于4%。苹果对乙烯比较敏感，在贮藏时一定要采取措施控制乙烯的产生和作用。气调贮藏可以减少乙烯的产生，在贮藏时还可采用乙烯脱除器或吸收剂来减少贮藏环境的乙烯含量，确保苹果质量安全控制。

二、葡萄

贮藏环境中的温度、湿度和气体成分对葡萄的贮藏效果影响很大,只有在一定的温度、湿度、气体条件下,才能做到长期贮藏。

1. 温度

贮藏环境中的温度是影响葡萄贮藏效果和寿命的关键因素。温度的作用首先表现在对果实呼吸作用的影响。温度越高,呼吸作用强度越大,果实的衰老也越快。葡萄的冰点一般在 -3 ~ -2.5℃,贮藏的适宜温度 -1 ~0℃,葡萄采收后应立即降温至0℃左右,在这样的低温条件下,果实酶的活性受到抑制,整个生命活动降到了最低点,从而延缓了果实的衰老过程,并且低温可以抑制贮藏中霉菌的生长,减少果实的霉烂。

2. 湿度

贮藏环境中的湿度也是影响葡萄贮藏效果的重要因素。如湿度较低,会引起整个果穗失水而萎蔫,穗梗干枯,果粒皱缩,失去商品价值,贮藏环境中的相对湿度应保持在90% ~95%。贮藏中采用塑料袋包装,穗梗封蜡或在贮藏环境中加洒水措施,可以达到防止果实水分蒸发,保持新鲜状态的目的。

3. 气体成分

葡萄虽然属于非呼吸跃变型水果,但在适宜的温度、湿度条件下,通过调节贮藏环境中气体成分,降低氧含量、升高二氧化碳含量亦能使其贮藏品质获得明显提高。葡萄长期贮藏,要求贮藏环境中适宜的气体条件为氧2% ~5%、二氧化碳1% ~3%,若二氧化碳高于3%,易使葡萄穗梗和果梗受到伤害,导致落粒和腐烂。在生产上,用小帐贮藏龙眼葡萄,维持氧10%、二氧化碳3%,有较好的贮藏效果。

三、梨

1. 温度

温度是梨果贮藏保鲜最重要的环境条件,不同品种要求的贮藏温度不同。一般贮藏保鲜适宜温度 -1 ~2℃。贮藏温度不能过低,过低果实会产生冷害。梨的冰点在 -1.8 ~3℃,如低于冰点温度梨果就要发生冷害。以一般贮藏保鲜温度不低于0℃,但也不能高于5℃,如果长期超过5℃以上会加速果实衰老和增加腐烂率。

2. 湿度

湿度也是贮藏梨果的重要条件之一。梨果采收后,通过果皮气孔蒸发水分,如失水过多,果皮皱缩,不仅会影响外观,也影响梨果的品质。因此,梨果在贮藏过程中要求适宜的空气湿度。一般应保持相对湿度 90% ~95%,冷库应保持相对湿度 85% ~95%,梨果贮藏中失水程度因梨果品种不同而不同。

3. 气体成分

梨在贮藏过程中,有效降低环境氧浓度可延缓衰老,延长贮藏期,提高质量安全水平。梨对二氧化碳比较敏感,高二氧化碳能引起梨的生理失调而发生病害。气调贮藏使用的安全气体成分是氧 2.0% ~2.5%,二氧化碳 0.8% ~1.0%,一般认为无二氧化碳气调贮藏最安全。梨在贮藏中对乙烯的要求是无乙烯或尽量低的乙烯。

四、桃

1. 贮藏温度

桃子适宜的贮藏温度 0℃ ~1℃,但长期在 0℃贮藏易发生冷害。目前控制冷害的一种方法是间隙加温法,即将桃先放在 -0.5℃ ~0℃下贮 15 天,之后升温到 18℃贮藏 2 天,再转入低温贮藏,如此反复;另一种方法是用两种温度处理采后的果实,先在 0℃贮藏 2 周,再在 5℃下贮藏(美国为了防止桃产生冷害,在 0℃控制气体浓度为氧气 1%、二氧化碳 5%。气调贮藏期间,每隔 3 周或 6 周对气调桃进行 1 次升温,然后恢复到 0℃,在 0℃下贮藏 9 周后出库,并在 18 ~20℃放置熟化,然后出售。这种方法比一般冷藏寿命延长2 ~3 倍)。间隙加温可降低桃的呼吸强度,使乙烯释放量降低并减轻冷害,同时温度升高也有利于其他有害气体的挥发和代谢。

2. 贮藏环境湿度

桃子贮藏时,相对湿度应控制在 90% ~95%。湿度过高,易引起腐烂,加重冷害的症状;湿度过低,会引起过度失水、失重,影响商品性,从而造成不应有的经济损失。

3. 气体成分

桃对二氧化碳十分敏感,贮藏环境应尽量避免二氧化碳的累积,二氧化碳量一般不超过 1%。但不同品种对二氧化碳的敏感性有差异。气调贮藏一般氧气浓度 1%、二氧化碳浓度 5%。油桃比桃耐二氧化碳,其对贮藏环境氧和二氧化碳的要求:氧气浓度 3%、二氧化碳浓度 5% ~8%。

第三节　水果包装要求

水果包装成功与否，主要根据水果包装和质量安全控制的要求而决定，这种要求按水果品种、销售和包装方法等有很大差距。

一、水果外包装材料选择

水果外包装材料主要作用是抵抗来自外界的损害。目前，我国水果采用的外包装材料很多，使用的包装材料也趋于多样化。主要分为以下 5 种类型。

1. 筐

用竹子、荆条等天然植物材料编的筐是我国水果传统的包装容器，这种材料的主要优点是便宜、轻便，就地取材，几乎可以编成任意形状和大小的容器。缺点是形状不规则、不坚实，盛放水果容易损伤，且不易运输和贮藏。

2. 木箱

木箱比其他天然植物材料制成的容器要好，这种材料的主要优点是结实，可以制作成各种规格统一的形状，比其他材料防止物理损伤的能力要强。缺点是木箱本身较重，操作和运输比较吃力。

3. 纸板箱

纸板箱是现代技术的产物，主要优点是轻便、便宜，因而作为筐、木箱的替代物，大量出现在水果包装领域。纸板箱的另一个优点是它的外观更光滑，便于使用印刷的标签和宣传品。最大的缺点是一经水浸蚀或加工粗放就容易受到损伤。

4. 塑料箱

塑料箱主要用较硬的高密度聚乙烯型、较软的低密度聚苯乙烯型两种材料制成。高密度聚乙烯箱，结实，强度高，经受得住包装流通中在一般情况下所能遇到的各种压力，并且能堆码一定高度。同时，由于这种箱子能较容易地制造成统一的规格，因而能最大地利用运输、贮藏空间，同时这种材料强度大，设计灵活多变，并且可以在箱上增加通风孔等，此外，易于清洗，可重复使用。低密度聚苯乙烯，既结实，密度又低，重量也轻，隔热性能好，可以用来在日常气温下运送预冷商品。此外，这种材料平缓撞击的能力很好。它的主要缺点是如果用过大的突发力，会使之破裂或压碎。同时，由于不便清洗，初次使用会使表面变形等原因，使这种材料制成的容器不能二次使用，造成使用成本过高。

二、水果内包装材料选择

在贮藏、运输过程中，水果与水果之间、水果与外包装之间相互碰撞易造成物理损伤。在外包装容器内加内包装，可以防止这种碰撞带来的损伤。用于内包装的材料主要有：

1. 植物材料

像水果叶子、杂草等这类植物材料是农村地区最便宜的内包装材料。它们主要用作衬垫，在保护水果方面十分有效。我国很多地方用水果叶子、杂草等作为筐装水果的内包装。但是，植物材料是生物组织，需要呼吸，它们的呼吸与水果的呼吸形成竞争势，不利于水果通气散热。

2. 超薄塑料盒

超薄塑料包装盒是常用的包装容器，目前，广泛应用于水果等食品领域。超薄塑料包装盒一般指投影面积在 50cm 以上、壁厚小于等于 1mm。塑料制成的盒装包装容器的优势是易于成形、易形成大批量生产，具有密度小、质量轻、外观透明、色泽鲜艳、包装效果好等特点，可根据需要制作各种不同种类的包装容器，取得最佳包装效果。

3. 泡沫网套

泡沫网套是以低密度聚乙烯为主要原料挤压生成的高泡沫聚乙烯制品。它采用丁烷发泡成形，泡沫网套可减少和防止运输途中包装箱内果实的相互碰撞和挤压。泡沫网套作为水果内包装材料的优势表现为柔软、无毒、富弹性，用网套包装后的水果不仅美观，而且通气，能有效预防水果腐烂，能起到防磨损、减少碰压伤和防震的作用。它是水果内包装的首选包装材料。

4. 保鲜袋

保鲜袋是一种供水果保鲜用的包装袋，它能够使水果在较长时间内不变味、不腐烂。与一般的食品包装袋不同，水果保鲜包装袋是将防腐剂、乙烯脱除剂等填充到造纸原料中或者直接涂布在造好的纸张上，从而达到水果保鲜的目的。水果保鲜包装袋作为水果内包装材料的优势表现为具有防止水果在贮存、运输、销售过程中受到机械损害，如挤压、震动、划伤，以及减小外界环境的影响，可阻隔病原微生物传染，这在葡萄、水蜜桃等水果的保鲜包装中效果明显，还可保持水果在运输过程中水分不流失，维持水果应有的营养价值。

5. 纸

目前，纸作为水果内包装材料得到普遍应用，纸与植物材料所起的作用基本是一样的,但纸衬垫以外还可用于包装水果。与植物材料相比,纸在保护水果方面不一定更有效,可是它不会与产品发生任何不良的相互作用,并且可以较明显地改进水果在市场上的外观视觉。

内包装纸种类很多,有包纸、纸托盘、瓦楞插板纸等。包纸可以用来保护单个水果,也可用作采后化学处理携带体。纸托盘和插板可以用来分离水果的数量,使每个水果个体之间完全隔离。

三、水果包装的作用

1. 防止机械损伤

水果在分级、贮藏、流通过程中,不同品种的水果对机械损伤的敏感性不同,包装容器和包装方法的选择存在差异,水果遭受机械损伤原因可归结为挤压、碰撞、摩擦和切削。

挤压损伤是由于单个水果或在包装内相互撞击与硬物撞击而造成的。损伤在外观上可能看不出,包装时果品随意丢落于包装内通常是造成伤害的主要原因。另外,水果包装时,包装容器外部的挤压作用于包装容器,当包装容器的机械强度承受不了外界的压力时就会使水果受到挤压。

纸制水果内包装材料造成挤压的主要因素往往是由于外部环境的影响,包装容器的机械强度减弱了,造成了挤压如在高湿度环境的空气中,在出现冷凝之后,或是在被雨淋湿以后,普遍使用的纸箱由于吸潮而迅速失去强度。

防止水果包装挤压的主要方法:一是在包装箱内使用托盘、蜂窝状垫片等加强包装容器的机械强度;二是在包装容器上加盖;三是加强包装容器本身对上部荷载的支撑能力;四是推广应用钙塑箱包装水果,这种包装箱吸水率低,克服了纸箱吸潮的缺点;五是必须精心操作并加强监督。

造成碰撞、摩擦和切削的原因是由于突然受力,如在装卸中野蛮操作,在运输中包装件跌落或突然刹车等。震动在运输中是常有的事,震动的损害在于引起磨损,可以引起从轻度擦伤表皮到切削部分果肉。所有这些由于碰撞、摩擦和切削所造成的创伤面都会由于受伤组织在空气中的暴露而产生褐变,损害产品质量,特别是外观质量,更有害的是,这些创伤面是感染病害的窗口,并使水果的呼吸作用增强,从而加速变质。

防止水果碰撞、摩擦和切削应注意两个方面:

水果之间,以及水果与包装容器之间不应发生相对位移,以避免震动损伤。

包装容器内应装满,但不要过满,也不要装得太紧;否则,会使压伤和碰伤增多。可将产品逐个包裹起来，逐个隔开；也可用分格和分层的方式包装果实类产品，或者铺上一些可以减轻震动的衬垫物，但是这样做难免要增大成本，因而必须考虑使用这些包装所能减少的损耗和增加的收益，进行比较后再决定是否需要使用这类包装。总之，轻搬轻放是减少物理损伤的最佳方法。

2. 促进热冷交换

水果包装必须能适应有特殊温度要求的水果。温度管理应满足包装内果品能与外部环境的良好接触。通常，通气可以迅速除去包装内热量，在一定限度内增加通气孔大小可促进热的交换。瓦楞纸箱包装，有5%的侧边通气面积或在底部垫板条，通气就可以迅速制冷，并且不会受潮而过分软化包装。适当少量大的通气孔优于众多小通气孔。运输时，这些通气孔的效果主要根据装载模式决定，装载时应使得冷气能达到通风孔。有些水果在零售前要后熟，需要均匀加温并要用乙烯处理，包装也要适于加温和通气体。包装箱孔不要被内部包装物或衬垫物阻塞。

3. 防止水分损失

很多水果在采后处理和销售期间，由于水分损失而发生凋萎、皱缩和干燥。失水是由于水果和周围干燥环境产生一种水蒸气压差产生的。贮藏期间，可以保持高的相对湿度以减少水分损失，但大运输和销售时就很难控制环境湿度，因此，包装就必须具有保温作用。很多包装都可阻隔水果水分损失。开小孔的塑料薄膜衬垫既便于气体交换，又可使包装内仍维持基本饱和的水汽。开口的聚乙烯蜡乳剂，涂覆在瓦楞板表面。包装内水分阻隔物一定不能阻隔通过包装孔的气流流动，聚乙烯膜浅盘包装桃，在冷藏时增加气流流动可以弥补密封包装阻隔。

4. 便于特殊处理

某些需要特殊处理的水果一定要考虑包装的选择和设计。如葡萄用二氧化硫熏蒸以控制病害，一些水果用甲基溴熏蒸以控制虫害，这些处理都需要通气良好的包装以便于熏蒸气流通过。一般能迅速制冷的通气设计也适合于熏蒸。但葡萄用二氧化硫衬垫包装，以逐渐释放二氧化硫，这种包装要求包装物或塑料衬垫限制通气。乙烯，对不同水果可以有利或有害，有些水果后熟时乙烯的处理需要通气包装以取得一致的加温。相反，有些水果必须防止乙烯作用，在包装内放置排除或吸收乙烯的物质，则应限制通气。有些水果的自发气调贮藏，特别是苹果和梨，使用部分密封的聚乙烯包装衬垫，衬垫内可积聚2%～3%的二氧化碳以延长果实寿命，但是，由于这种包装衬垫抑制热交换并延缓果品致冷，因此，从现代眼光来看，真正的效益是有疑问的。近来这种技术的使用已逐渐减少，而单果薄膜包装的使用正在增加。

四、水果包装的质量安全

水果包装的质量安全包括包装环境要求、水果质量等级要求和包装材料性能要求等。

（一）包装环境要求

苹果、葡萄、梨、桃等水果包装场地应具备通风、防潮、防雨等条件。包装场地温度、湿度，一般常温和湿度即可。卫生条件要求符合国家有关食品卫生法的具体规定。

（二）水果质量等级要求

1. 苹果

基本要求：应具有本品种固有的特征和风味。具有适于市场销售或贮存要求的成熟度。果实保持完整良好。新鲜洁净，无异味或非正常风味。不带非正常的外来水分。

苹果果形、色泽等其他质量等级要求见表 5－1

表 5－1　苹果质量等级要求

项目指标		优等品	一等品	二等品
果形		具有本品种应有的特征	允许果形有轻微缺点	果形有缺点，但仍保持本品基本特征，不得有畸形果
色泽		具有本品种成熟时应有的色泽		
果径（最大横切面）	大型果	70mm 以上	65mm 以上	60mm 以上
	中型果	65mm 以上	60mm 以上	55mm 以上
	小型果	60mm 以上	55mm 以上	50mm 以上
果梗		果梗完整（不包括商品化处理造成的果梗缺省）	果梗完整（不包括商品化处理造成的果梗缺省）	允许果梗轻微损伤
果锈		允许具有本品种外观特征的果锈，严重影响美观者应予限制		

续表

项目指标	优等品	一等品	二等品
褐色片锈	无	不超出梗洼的轻微锈斑	轻微超出梗洼或萼洼之外的锈斑
网状浅层锈斑	允许轻微而分离的平滑网状不明显锈痕,总面积不超过果面的1/20	允许平滑薄层,总面积不超过果面的1/10	允许轻度粗糙的网状果锈,总面积不超过果面的1/5
果面缺陷	无缺陷	无缺陷	允许下列对果肉无重大伤害的果皮损伤不超过4项
①刺伤、破皮划伤	无	无	无
②碰压伤	无	无	允许轻微碰压伤,总面积不超过 $1.0cm^2$,其中最大处面积不得超过 $0.3cm^2$,伤处不得变褐,对果肉无明显伤害
③磨伤(枝磨、叶磨)	无	无	允许不严重影响果实外观的轻微磨伤,总面积不超过 $1.0cm^2$
④日灼	无	无	允许浅褐色或褐色,总面积不超过 $1.0cm^2$
⑤雹伤	无	无	允许果皮愈合良好的轻微雹伤,面积不超过 $1.0cm^2$
⑥虫伤	无	允许虫伤不超过2处,总面积不超过 $0.1cm^2$	允许干枯虫伤,总面积不超过 $1.0cm^2$
⑦病害	无	无	无
⑧虫果	无	无	无

2. 葡萄

基本要求：果穗完整，果梗、穗梗完整新鲜；果粒充分成熟，具有品种特征形状、风味和香气，无异味；洁净、无腐烂，无非正常的外来水分；无水罐，无小青粒，无干缩果。

质量等级要求、主要品种的理化指标和安全卫生指标见表5－2。

表5－2 葡萄质量等级要求

项目指标	特级	一级	二级
色泽	黑色品种：95%	黑色品种：85%	黑色品种：75%
着色面积	红色品种：75%	红色品种：70%	红色品种：65%
果穗整齐度	整齐	较整齐	较整齐
果穗紧密度	中等紧密	中等紧密	过度紧密或松散
果粒均匀性	果粒均匀	果粒均匀	果粒较均匀
果粉	完整	较完整	较完整
果面缺陷	无	允许轻微的日灼、摩擦	轻微的缺陷

3. 梨

基本要求：具有本品种固有的特征和风味；具有适于市场销售或贮藏要求的成熟度；果实完整良好；新鲜洁净，无异味或非正常风味；无外来水分。

质量等级要求、主要品种的理化指标和安全卫生指标见表5－3。

表5－3 鲜梨质量等级要求

项目指标	优等品	一等品	二等品
果形	果形端正，具有本品种固有的特征	果形正常，允许有轻微缺陷，具有本品种应有的特征	果形允许有缺陷，但仍保持本品种应有的特征，不得有偏缺过大的畸形果
色泽	具有本品种成熟时应有的色泽	具有本品种成熟时应有的色泽	具有本品种应有的色泽，允许色泽较差
果梗	果梗完整（不包括商品化处理造成的果梗缺省）	果梗完整（不包括商品化处理造成的果梗缺省）	允许果梗轻微损伤

续表

项目指标	优等品	一等品	二等品
大小整齐度	各等级果的大小尺寸不作具体规定，可根据收购商要求操作，但要求应具有本品种基本的大小。而大小整齐度应有硬性规定，要求横径差异 < 5mm		
果面缺陷	允许下列规定的缺陷不超过 1 项	允许下列规定的缺陷不超过 2 项	允许下列规定的缺陷不超过 3 项
①刺伤、破皮划伤	不允许	不允许	不允许
②碰压伤	不允许	不允许	允许轻微碰压伤，总面积不超过 $0.5cm^2$，其中最大处面积不得超过 $0.3cm^2$，伤处不得变褐色，对果肉无明显伤害
③磨伤（枝磨、叶磨）	不允许	不允许	允许不严重影响果实外观的轻微磨伤，总面积不超过 $1.0cm^2$
④水锈、药斑	允许轻微薄层总面积不超过果面的 1/20	允许轻微薄层总面积不超过果面的 1/10	允许轻微薄层，总面积不超过果面的 1/5
⑤日灼	不允许	允许轻微的日灼伤害，总面积不超过 $0.5cm^2$，但不得有伤部果肉变软	允许轻微的日灼伤害，总面积不超过 $1.0cm^2$，但不得有伤部果肉变软
⑥雹伤	不允许	不允许	允许轻微雹伤 2 处，每处面积不超过 $1.0cm^2$
⑦虫伤	不允许	允许干枯虫伤 2 处，总面积不超过 $0.2cm^2$	干枯虫伤处不限，总面积不超过 $1.0cm^2$
⑧病害	不允许	不允许	不允许
⑨虫果	不允许	不允许	不允许

4. 桃

基本要求：果实完整良好，新鲜清洁，无果肉褐变、病果、虫果、刺伤，无不正常外来水分，充分发育，无异常气味或滋味，具有可采收成熟度或食用成熟度，整齐度好，符合安全卫生指标的果实要求。

质量等级要求、主要品种的理化指标和安全卫生指标见表5-4。

表5-4 鲜桃质量等级要求

项目指标	特等品	一等品	二等品
果形	果形具有本品种应有的特征	果形具有本品种的基本特征	果形稍有不正，但不得有畸形果
色泽	果皮颜色具有本品种成熟时应有的色泽	果皮色泽具有本品种成熟时应有的颜色，着色程度达到本品种应有着色面积的2/4以上	果皮色泽具有本品种成熟时应有的颜色，着色程度达到本品种应有着色面积的1/4以上
可溶性固形物(%)	极早熟品种≥10.0 早熟品种≥11.0 中熟品种≥12.0 晚熟品种≥13.0 极晚熟品种≥14.0	极早熟品种≥9.0 早熟品种≥10.0 中熟品种≥11.0 晚熟品种≥12.0 极晚熟品种≥12.0	极早熟品种≥8.0 早熟品种≥9.0 中熟品种≥10.0 晚熟品种≥11.0 极晚熟品种≥11.0
果实硬度(kg/cm^2)	≥6.0	≥6.0	≥4.0
果面缺陷	不允许	不超过以下2项	不超过以下2项
①蟠桃梗洼处果皮损伤	不允许	允许损伤总面积≤$0.5cm^2$	允许损伤总面积≤$1.0cm^2$
②碰压伤	不允许	不允许	不允许
③磨伤(枝磨、叶磨)	不允许	允许轻微磨伤1处，总面积≤$0.5cm^2$	允许轻微不褐变的磨伤，总面积≤$1.0cm^2$
④雹伤	不允许	不允许	允许轻微雹伤，总面积≤$0.5cm^2$
⑤裂果	不允许	允许风干裂口1处，总长度≤0.5cm	允许风干裂口两处，总长度≤1.0cm
⑥虫伤	不允许	允许轻微虫伤1处，总面积≤$0.03cm^2$	允许轻微虫伤，总面积≤$0.3cm^2$

(三)包装材料性能要求

苹果、葡萄、梨、桃等水果包装,目前以纸箱和塑箱为主流。纸箱多为双瓦楞纸板箱,塑箱多为单瓦楞钙塑板箱。纸板应是木浆、竹浆、棉秆浆、红麻浆制成,草浆纸板不能作为水果的包装材料。单瓦楞钙塑箱其低压聚乙烯含量不低于59%,碳酸钙不高于39%,加适量抗氧剂和硬脂酸锌等

1. 瓦楞纸板的性能要求

箱面纸板性能要求、瓦楞原纸性能要求和双瓦楞纸板的性能要求见表5-5、表5-6、表5-7。

表5-5　箱面纸板性能要求

指标名称	单位	指标		
定量	g/m^2	300±15	320±16	360±18
耐破强度	kPa	852.6	911.4	1 029.0
环压强度(横向)≥	N	382.2	401.8	450.8
含水率	%	10±2	10±2	10±2

表5-6　瓦楞原纸性能要求

指标名称	单位	指标
定量	g/m^2	180±5
耐破强度	kPa	343.0
环压强度(横向)≥	N	235.2

表5-7　双瓦楞纸板的性能要求

指标名称	单位	指标
耐破强度	kPa	2 156
戳穿强度	J	12.74
边压强度	N/m	0.83
含水率	%	10±2

2. 瓦楞钙塑板的性能要求

瓦楞钙塑板的规格要求和瓦楞钙塑板机械性能要求见表5-8、表5-9。

表5－8　瓦楞钙塑板的规格要求

项目	指标
瓦楞板厚度(mm)	4
瓦楞筋数（根/100mm）	13

表5－9　瓦楞钙塑板机械性能要求

项　目	指　标
摇断力(N)≥	350
断裂伸长率(%)≥	10
平面压缩力(N)≥	1 200
垂直压缩力(N)≥	700
撕裂力(N)≥	80
低温耐折(N)≥	－40℃不裂

第四节　贮藏过程中的质量安全

一、苹果

(一)采收期质量安全

1. 采收成熟度参考依据

适于贮藏苹果的适宜采收成熟度参考依据：

一是易于采摘(果柄基部形成离层,果实容易采摘,但不作为客观标准)。

二是果皮的底色借助标准比色卡、色度仪或经验来判断。

三是种子颜色呈黄褐色。

四是果肉硬度用果实硬度计测量。

五是果实发育期各地可根据多年的经验得出适合当地各苹果品种采收的平均发育天数。

六是果实横切面的淀粉指数通过碘—碘化钾淀粉染色试验来检测。

七是主要化学物质的含量适宜的可溶性固形物、可滴定酸含量或固酸比可反映果实的成熟度,一般用糖度计(须校正)来测可溶性固形物,用滴定法测可滴定酸含量。如条件许可,可测定果实的呼吸强度、乙烯释放量来掌握苹果的适宜采收期。

上述果实成熟度的确定方法并不是通用的,同一品种在不同产地及不同年份,果实的适宜采收期可能不同。因此,确定某一品种的适宜采收期,不可单凭一项指标,应将上述各因素综合加以考虑,同时根据生产者的经验来确定。

2. 采收要求

采收时避免雨天和雨后采收,晴天时,避开高温和有露水的时间采收。用于长期贮藏或长途运输的苹果应成熟一批采收一批,做到适时无伤采收,留果梗,但部分品种(富士)的果梗要适当剪短,应轻拿轻放,避免机械损伤。

具有下列情况的果实不适于长期贮藏和长途运输:

——果实过大

——产自幼树

——产自负载量过低的苹果树

——产自氮肥施用过多的苹果树

——雨天(雨季)采收

——采后长时间在常温下存放

——采前 10~15 天施肥或灌溉

果实采收后及时进行分级,并应迅速预冷降温,及时入库。一般情况下,苹果采收后应在 48 小时内入库。

苹果各主要品种的理化指标和安全卫生指标见表 5-10、表 5-11。

表 5-10　苹果各主要品种的理化指标参考值

品　种	项目指标	
	果实硬度(kg/cm^2)	可溶性固形物(%)≥
富士系	7	13
嘎拉系	6.5	12
藤木一号	5.5	11
元帅系	6.8	11.5
粉红女士	7.5	13
澳洲青苹	7	12
秦冠	7	13
华冠	6.5	13
金冠系	6.5	13

表 5－11　苹果安全卫生指标(单位:mg/kg)

项目	指标
多菌灵(carbendazim)	≤0.5
三唑酮(triadimefon)	≤0.2
二氯苯醚菊酯(permethrin)	≤1.0
氟氰菊酯(flucythrinate)	≤0.2
抗蚜威(pirimicarb)	≤1.0
毒死蜱(chlorpyrifos)	≤1.0
马拉硫磷(malathion)	不得检出
砷(以 As 计)	≤0.5
铅(以 Pb 计)	≤0.2
镉(以 Cd 计)	≤0.05
氟(以 F 计)	≤1.0

注:其他有毒有害物质的指标应符合国家有关法律、法规、行政规章和强制性标准的规定。

(二)贮藏库环境安全

1. 贮藏库外部环境

贮藏库应选择在生态环境良好,远离污染源,并具有质量安全控制的生态农业区域。好的外部环境,可减少苹果在入库时的环境污染。贮藏库外部环境空气质量要求见表 5－12。

表 5－12　贮藏库外部环境空气质量要求

项目	浓度限值	
	日平均	一小时平均
总悬浮颗粒物(标准状态)/(mg/m^3)≤	0.30	—
二氧化硫(标准状态)/(mg/m^3)≤	0.15	0.50
二氧化氮(标准状态)/(mg/m^3)≤	0.12	0.24
氟化物(标准状态)/(mg/m^3)≤	7	20

注:日平均指任何一日的平均浓度;一小时平均指任何一小时的平均浓度。

2. 贮藏库内部环境

苹果入贮前应选择食品卫生法规定允许使用的消毒剂对库房及包装材料

进行灭菌消毒处理，然后及时通风换气。库房温度应预先3～5天降至0～－2℃，使库体充分蓄冷。对于气调贮藏，还应检查库体的气密性。

可能与苹果接触的清洁剂、润滑剂等应被批准在食品加工中使用，使用的剂量应正确。

内部运输要保证避免污染产品，应特别关注尾气。铲车和其他驾驶的运输车等应为电动或气动。

(三)入贮时的质量安全

经过预冷的苹果可一次性入库；未经预冷的苹果需分批次入库，一般每次入库量宜小于库容量的20%。

堆码时应小心装卸，合理安放货位及堆码方式，包装件的堆码方式应保证库内空气正常流通。不同品种、等级、产地的苹果应分别堆放。贮藏密度一般不超过250 kg/m^3：用大木箱包装的苹果贮藏密度可增加10%～20%。为便于检查、盘点和管理，垛位不宜过大，入贮后应及时填写货位标签和平面货位图。

(四)贮藏期的质量安全

重点是温度、湿度、通风换气等关键环节的控制。

1. 温度

苹果冷藏的适宜温度因品种而异，大多数品种为－1～1℃，易发生冷害的品种为2～4℃。气调贮藏的适宜温度可比普通冷藏适宜温度高0.5～1℃。入满库后1周之内必须达到适宜贮藏温度，并保持此温度(温度的误差＜1℃)直至贮藏结束。

2. 相对湿度

苹果贮藏的适宜相对湿度90%～95%。相对湿度测点的选择与测温点应一致。

3. 空气流通

垛间和包装之间的空气应保持流通，但不超过0～5m/s。

4. 通风换气

在贮藏过程中定期通风换气排除苹果代谢活动释放和积累的有害气体成分。

5. 质量安全控制点

贮藏期的苹果应有书面的检验规程和品质检验记录，保证符合确定的品质标准。应有温度和湿度控制并记录。称量和温度控制设施应定期验证，保证设备按照风险分析进行了校准。应有温度控制设施的验证检测规程。

（五）员工操作安全

员工应在采摘苹果前，接受基础的卫生培训，采收过程应执行卫生规程。

员工在采摘苹果时可使用文字（用适当的语种）或图表规程，防止采摘过程的物理危害（如钉子、石头、昆虫、刀具、水果残渣、手表、手机等）、生物危害和化学危害。制订防止产品被污染的清洁和消毒方案，重复使用的采收容器、工具（如剪子、刀、修枝剪等）和采收用的设备机械应得到清洁和维护，同时员工在操作时要注意工具伤害。

员工在处理苹果时，应执行农产品处理卫生规程。依据苹果和操作的风险分析，所有员工的工作服（包括衣服、围裙、套袖、手套等）保持清洁、便于操作，防止污染产品。

二、葡萄

（一）采收期质量安全要求

1. 采前要求

一是选择气候凉爽、降水量较少、昼夜温差较大的产区为基地。

二是选择山坡、丘陵、旱地沙壤土栽培的葡萄进行长期贮存。

三是用作贮藏的基地园要多施有机肥和磷、钾肥，有缺硼症、缺铁症、缺钾症、缺镁症、缺锌症、缺锰症及过量施用氮肥的果园生产的葡萄不适宜长期贮藏。

四是采前3~30天用植物生长调节剂等处理果穗。喷布乙烯利等催熟剂的果穗不适宜长期贮藏。

五是单位面积产量要适宜，亩产控制在2 000 kg左右。

六是花期前、花期后和采前10~15天各喷布对防治贮藏病害有效的杀菌剂。

七是采前10~15天停止灌溉，雨天要推迟采收时间。

2. 采收要求

采收成熟度可依据葡萄的可溶性固形物含量、生育期、生长积温、种子的颜色或有色品种的着色深浅等综合确定。

葡萄采收应在早晨露水干后或下午3时以后、气温凉爽时进行。不宜在阴天、雾天、雨天、烈日暴晒下采收。

采收方法：一手握采果剪，一手提起穗梗，贴近母枝处剪下，要尽量带有长的穗梗。采收过程中做到轻拿轻放，尽量避免碰伤果穗和抹掉果实表面的果粉。

3. 质量要求

冷藏用的葡萄应具有本品种的正常果形、硬度、色泽（果肉和种子颜色）。果穗新鲜完整，无病虫害侵染，无水罐子病，无日灼病，无机械损伤，洁净，无附着外来水分和药物残留。严禁带有水迹和病斑的果实入库。果穗上的果粒应具有均匀适当的间隙，果穗太紧、果粒挤压变形的果穗不宜贮藏。穗梗已木质化或半木质化，呈褐色或鲜绿色，不失水。果穗达到生长发育的天数，每品种从盛花到果穗成熟都有一定天数记载和要求，不应过早、过晚采摘。鲜食葡萄一般要求酸甜适度，汁液丰富，口感鲜美，具有一定的香气，而且无异味、苦味等。鲜食葡萄一般要求果肉达到品种应有的果肉质地，抗压耐挤，果皮中厚，不易裂果；无籽或种子较少，可食率高，种子易于与果肉分离，食用方便；果粒与果梗连接牢固，装卸运输不易脱粒；采收后保鲜期长，贮藏效果好，货架寿命较长等。

葡萄各主要品种的理化指标和安全卫生指标见表5－13、表5－14。

表5－13　葡萄主要品种理化指标

品种	玫瑰香	红地球	巨峰	里扎马特	美人指
穗重(kg)	200～400	400～1 000	200～500	400～1 000	300～800
平均单粒重(g)≥	3.0	10.0	8.5	10.0	9.5
可溶性固形物(%)≥	15.5	14.5	15.0	13.0	14.0

表5－14　葡萄安全卫生指标(单位:mg/kg)

项目	指标
百菌清(chlorothalonil)	≤0.5
倍硫磷(fenthion)	≤0.05
吡唑醚菌酯(pyraclostrobin)	≤2
丙森锌(propineb)	≤5
代森联(metiram)	≤5
单氰胺(cyanamide)	≤0.05
多菌灵(carbendazim)	≤3
氟硅唑(flusilazole)	≤0.5
己唑醇(hexaconazole)	≤0.1
铅(以Pb计)	≤0.2
镉(以Cd计)	≤0.03
砷(以As计)	≤0.5

注：其他有毒有害物质的指标应符合国家有关法律、法规、行政规章和强制性标准的

规定。

（二）贮藏库环境安全

1. 贮藏库外部环境

贮藏库应选择在生态环境良好，远离污染源，并具有质量安全控制的生态农业区域。好的外部环境，可减少葡萄在入库时的环境污染。贮藏库外部环境空气质量要求见表5－15。

表5－15　贮藏库外部环境空气质量要求

项目	浓度限值	
	日平均	一小时平均
总悬浮颗粒物（标准状态）/（mg/m^3）≤	0.30	—
二氧化硫（标准状态）/（mg/m^3）≤	0.15	0.50
二氧化氮（标准状态）/（mg/m^3）≤	0.12	0.24
氟化物（标准状态）/（mg/m^3）≤	7	20

注：日平均指任何一日的平均浓度；一小时平均指任何一小时的平均浓度。

2. 贮藏库内部环境

葡萄入贮前应选择食品卫生法规定允许使用的消毒剂对库房进行消毒，然后及时通风换气。

库房温度应预先3天降至－1℃，使库体充分蓄冷。对于气调贮藏，还应检查库体的气密性。

可能与葡萄接触的清洁剂、润滑剂等应被批准在食品加工中使用，使用的剂量应正确。

内部运输要保证避免污染产品，应特别关注尾气。铲车和其他驾驶的运输车等应为电动或气动。

（三）入贮时的质量安全

1. 预冷要求

采后立即对葡萄进行预冷，暂不能进行预冷的，需把葡萄放置在阴凉通风处，但不得超过24小时。预冷时将打开箱盖及包装袋，温度可在－1～0℃。巨峰等欧美杂交品种，预冷时间过长容易引起果梗失水，因此应限定预冷时间在12小时左右，预冷超过24小时，贮藏期间容易出现干梗脱粒。对欧洲种中晚熟、极晚熟品种的预冷时间，则要求果实温度接近或达到0℃时再放药封袋。另外，入贮葡萄要分批入库，避免集中入库导致库温骤然上升和降温困难。

2. 堆码要求

入库葡萄箱要按品种和不同入库时间分等级码箱，以不超过 200 kg/m^3 的贮藏密度排列。一般纸箱依其抗压程度确定堆码高度，多为 5 ~7 层，垛间要留出通风道。入满库后应及时填写货位标签，并绘制平面货位图。在冷库不同部位摆放 1 ~2 箱观察果，扎好塑料袋后不盖箱盖，以便随时观察箱内变化。

（四）贮藏期的质量安全

重点是温度、湿度、通风换气等关键环节的控制。

1. 温度管理

葡萄多数品种的最佳贮藏温度 -1 ~0℃。在整个冷藏期间要保持库温稳定，波动幅度不得超过 ±0.5℃，测温仪器的精度要求为 ±0.2℃。

2. 湿度管理

贮藏期间库房内相对湿度保持在 90% ~95%。测湿仪器的精度要求为 ±5%。

3. 贮期通风换气

为确保库内空气新鲜，要利用夜间或早上低温时进行通风换气，但要严防库内温度、湿度的波动过大。

4. 质量安全控制点

贮藏期的葡萄应有书面的检验规程和品质检验记录，保证符合确定的品质标准。应有温度和湿度控制并记录。称量和温度控制设施应定期验证，保证设备按照风险分析进行了校准。应有温度控制设施的验证检测规程。

（五）员工操作安全

可参照苹果员工操作安全执行。

三、梨

（一）采收期质量安全要求

短期贮藏对品种不作要求，但用于中长期冷藏和气调贮藏的梨，应选择具有良好贮藏性能的晚熟品种。

1. 采收成熟度依据

确定适期采收成熟度的依据：果实可溶性固形物含量，用折光仪测定；果皮底色，采用标准比色卡来判断果肉硬度，用果实硬度计测定；果实发育期，从盛花至成熟时的天数；果柄基部离层形成，果实容易采摘；果肉淀粉含量通过碘-碘化钾淀粉染色试验来检测；如条件许可，可测定果实的呼吸强度、乙烯释放量来掌握苹果的适宜采收期。

上述方法对于同一品种,地区生态地理、栽培条件等不同,适期采收成熟度标准也不同,需要结合当地果农经验来确定采摘期:短期贮藏或采后即上市的可适当晚采,中长期贮藏和运输的果实采摘不宜过晚。

2. 采收要求

采收时应选择晴天气温凉爽采收。用于贮藏的梨必须手采,采收的同时,应进行预分级,剔除不适宜贮藏的果实,特别是过熟果、病虫伤烂果及畸形果等。果实采收、运输过程中应小心装卸,尽可能减少碰压等机械伤。用于贮藏的梨,采前1周梨园应停止灌水,不得在雨天或雨后立即采摘。

具有以下情况的果实,耐贮性较差,不宜进行长期冷藏或气调贮藏:

——个头过大

——幼树的果实

——施肥比例不当尤其是施氮肥过多的树的果实

——采前灌水过多或雨季采收的果实

——过熟果或未熟果

——采后长时间在常温存放的果实

果实采收后及时进行分级,并应迅速预冷降温,及时入库。

梨各主要品种的理化指标和安全卫生指标见表5-16、表5-17。

表5-16 鲜梨各主要品种的理化指标参考值

品种	项目指标	
	果实硬度(kg/cm^2)	可溶性固形物(%)≥
酥梨	4.0~5.5	11.0
雪花梨	7.0~9.0	11.0
新世纪梨	5.5~7.0	11.5
黄金梨	5.0~8.0	12.0
丰水梨	4.0~6.5	12.0
新高梨	5.5~7.5	11.5

表 5－17　鲜梨安全卫生指标(单位:mg/kg)

项目	指标
多菌灵(carbendazim)	≤3
三唑酮(triadimefon)	≤0.5
甲氰菊酯(fenpropathrin)	≤5.0
氯氟氰菊酯(cyhalothrin)	≤0.2
氰戊菊酯(fenvalerate)	≤0.2
毒死蜱(chlorpyrifos)	≤1
马拉硫磷(malathion)	≤2
无机砷(以 As 计)	≤0.5
铅(以 Pb 计)	≤0.1
镉(以 Cd 计)	≤0.05
氟(以 F 计)	≤0.5

注:其他有毒有害物质的指标应符合国家有关法律、法规、行政规章和强制性标准的规定。

(二)贮藏库环境安全

1. 贮藏库外部环境

贮藏库应选择在生态环境良好,远离污染源,并具有质量安全控制的生态农业区域。好的外部环境,可减少梨在入库时的环境污染。贮藏库外部环境空气质量要求见表 5－18。

表 5－18　贮藏库外部环境空气质量要求

项目	浓度限值	
	日平均	一小时平均
总悬浮颗粒物(标准状态)/(mg/m^3)≤	0.30	—
二氧化硫(标准状态)/(mg/m^3)≤	0.15	0.50
二氧化氮(标准状态)/(mg/m^3)≤	0.12	0.24
氟化物(标准状态)/(mg/m^3) ≤	7	20

注:日平均指任何一日的平均浓度;一小时平均指任何一小时的平均浓度。

2. 贮藏库内部环境

梨入贮前应选择食品卫生法允许使用的消毒剂对库房进行消毒,然后及时通风换气。

库房温度应预先 2 ~ 3 天降至适宜温度，使库体充分蓄冷。对于气调贮藏，还应检查库体的气密性。

可能与梨接触的清洁剂、润滑剂等应被批准在食品加工中使用，使用的剂量应正确。

内部运输要保证避免污染产品，应特别关注尾气。铲车和其他驾驶的运输车等应为电动或气动。

（三）入贮时的质量安全

果实采摘后尽快入贮，库满后应尽快将库温降至该品种适宜贮温。一般情况下，多数软肉梨及中早熟砂梨品种采后要在 1 ~ 2 天入库，白梨系统及其他晚熟品种可采后 3 天以内入库，库满后，要求在 48 小时内将库温降至适宜温度。入库速度根据冷库制冷能力或库温变化来调整，原则上应先在预冷间预冷后再进入贮藏间，不预冷，则应分次分批入库，每批次一般小于 20% 库容量。

果实贮运过程中应小心装卸，贮藏包装应保证空气流通，包装件堆码密度为 250 kg/m^3 左右；如用大箱，贮藏密度可提高 10% ~ 20%，但有效容积贮量应小于 300 kg/m^3。货垛堆码要牢固、整齐，货垛间隙走向应与库内气流循环方向一致。货垛应按产地、品种、等级分别堆码并悬挂标牌。香气浓郁的品种不能与无香气的品种混贮，贮藏性状相似的品种可同库贮藏。

（四）贮藏期的质量安全

重点是温度、湿度、通风换气等关键环节的控制。

1. 温度管理

白梨和砂梨系统最适贮温一般为 -0.5 ~ 0.5℃，西洋梨和秋子梨系统通常为 -1 ~ 0.5℃。鸭梨和长把梨入库后须缓慢降温，避免果肉伤害。库房和包装箱内温度要定时测量，其值以不同测温点的平均值来计算。一般每个库至少应选 3 个以上有代表性的测温点，测温点多少视库房大小而定。贮藏过程中应保持库温稳定，温度变化幅度不超过 ±1℃。靠近蒸发器和冷风出口处的果实应勤观察和采取保温措施。

2. 湿度管理

梨贮藏的相对湿度 90% ~ 95%。相对湿度测量仪器误差应 ≤5%，测点的选择与测温点一致。

3. 冷风循环

冷风循环率推荐为 20 ~ 30 次，货间风速推荐为 0.25 ~ 0.50m/s。

4. 通风换气

梨冷藏期间,应通风换气,排除过多的有害气体,通风宜选择清晨气温较低时进行,防止库内温度出现大的波动。

5. 质量安全控制点

贮藏期的梨应有书面的检验规程和品质检验记录,保证符合确定的品质标准。应有温度和湿度控制并记录。称量和温度控制设施应定期验证,保证设备按照风险分析进行了校准。应有温度控制设施的验证检测规程。

(五)员工操作安全

可参照苹果员工操作安全执行。

四、桃

(一)采收期质量安全要求

短期贮藏适用于所有品种,中长期贮藏应选择中熟、晚熟耐贮品种。

采收应选择栽培管理规范、果实发育正常、病虫害少的桃园。应在果实达到可采成熟度时采收,选择晴天和露水干后的早晚采收。人工采摘时戴手套,保留果柄,轻拿轻放。同一树上的果实要分批采收。采收后的桃应尽快运至贮藏场所预冷,来不及运输的桃应摆放在树下阴凉通风处,避免日晒或雨淋。

采后的运输包装宜采用塑料周转箱,采收和运输过程中应避免机械损伤。

桃各项理化指标和安全卫生指标见表 5-19、表 5-20

表 5-19　鲜桃理化指标

品种	极早熟品种	早熟品种	中熟品种	晚熟品种	极晚熟品种
可溶性固形物(20℃),%	≥8.5	≥9.0	≥10.0	≥10.0	≥10.0
总酸(以苹果酸计),%	≤2.0	≤2.0	≤2.0	≤2.0	≤2.0
固酸比	≥10	≥10	≥10	≥10	≥10

表 5-20　鲜桃安全卫生指标(单位:mg/kg)

项目	指标
敌敌畏(dichlorvos)	≤0.2
毒死蜱(chlorpyrifos)	≤1
溴氰菊酯(decamethrin)	≤0.1
氯氟氰菊酯(cyhalothrin)	≤0.2

续表

项目	指标
氯氰菊酯(cypermethrin)	≤2
乐果(dimethoate)	≤1
氰戊菊酯(fenvalerate)	≤0.2
百菌清(chlorothalonil)	≤1
铅(以 Pb 计)	≤0.2
镉(以 Cd 计)	≤0.03
砷(以 As 计)	≤0.5

注:其他有毒有害物质的指标应符合国家有关法律、法规、行政规章和强制性标准的规定。

(二)贮藏库环境安全

1. 贮藏库外部环境

贮藏库应选择在生态环境良好,远离污染源,并具有质量安全控制的生态农业区域。好的外部环境,可减少桃在入库时的环境污染。贮藏库外部环境空气质量要求见表 5 - 21

表 5 - 21　贮藏库外部环境空气质量要求

项目	浓度限值	
	日平均	一小时平均
总悬浮颗粒物(标准状态)/(mg/m^3)≤	0.30	—
二氧化硫(标准状态)/(mg/m^3)≤	0.15	0.50
二氧化氮(标准状态)/(mg/m^3)≤	0.12	0.24
氟化物(标准状态)/(mg/m^3)≤	7	20

注:日平均指任何一日的平均浓度;一小时平均指任何一小时的平均浓度。

2. 贮藏库内部环境

鲜桃入贮前应选择食品卫生法规定允许使用的消毒剂对库房进行消毒,然后及时通风换气。

库房温度应预先 2 ~ 3 天降至 0℃左右,使库体充分蓄冷。对于气调贮藏,还应检查库体的气密性。

可能与鲜桃接触的清洁剂、润滑剂等应被批准在食品加工使用,使用的剂量应正确。

内部运输要保证避免污染产品，应特别关注尾气。铲车和其他驾驶的运输车等应为电动或气动。

（三）入贮时的质量安全

1. 挑选与包装

桃采收后应进行挑选，剔除病虫果、软化果、畸形果、机械损伤果及残次果，同时去除杂质。挑选应在阴凉通风处进行。操作人员应戴软质手套，避免果实的机械损伤。应选用洁净、有孔（缝）隙的塑料箱、木箱或硬质纸箱包装，每箱 10～15 kg，不超过 3 层，也可采用泡沫网套单果包装、浅果盘单层包装或分层分隔包装后再装箱。

2. 预贮

挑选包装后的桃宜进行预贮，预贮温度为 8℃，预贮时间为 3～5 天。预贮后的桃应及时转移至贮藏库贮藏，库温 0～1℃。

3. 堆码

垛的走向、排列方式应与库内空气循环方向一致，垛底加 10～20cm 的垫层（如托盘等）。垛与垛间、垛与墙壁间应留有 40～ 60cm 间隙，码垛高度应低于蒸发器的冷风出口不少于 60 cm。靠近蒸发器和冷风出口的部位应遮盖防冻。每垛应标明品种、来源、采收及入库时间、果实质量等。

（四）贮藏期的质量安全

重点是温度、湿度、通风换气等关键环节的控制。

1. 温度管理

贮藏库内的温度为 0～1℃。

2. 湿度管理

贮藏库内的相对湿度为 90%～95%。

3. 气体成分

贮藏库内的气体成分为氧气 5%～10%、二氧化碳 5%～10%。

4. 贮藏管理

定时观测和记录贮藏温度、湿度、气体成分，维持贮藏条件在规定的范围内。贮藏库内的气流应畅通，适时对库内气体进行通风换气。

5. 质量安全控制点

贮藏期的桃应有书面的检验规程和品质检验记录，保证符合确定的品质标准。温度控制设施应定期验证，保证设备按照风险分析进行了校准。应有温度控制设施的验证检测规程。

（五）员工操作安全

可参照苹果员工操作安全执行。

第五节　废弃物处理

在水果贮藏过程中所产生的废弃物主要有水果废弃物、包装废弃物、一般生活垃圾废弃物等。

一、水果废弃物

水果废弃物的大量产生和富集已经构成了对农田、水体、人居环境等的威胁，成为一种不可忽视的污染源。每年产生的水果废弃物绝大部分没有进行资源化利用而被当作垃圾随意丢弃或者排放到环境中，给空气、水体和人居环境都带来了风险。因此，对水果废弃物的处理、加工、利用成为消除污染实现资源化利用和提高水果质量安全控制的必然途径。

水果废弃物的特征是容易发生腐烂，pH 值较低，含水率高，总固体含量一般 8% ~18%，其中可挥发性固体大约占固体总含量 87% 左右。有机质部分包括 75% 的糖分和半纤维素、9% 的纤维素以及 5% 的木质素，氮、磷、钾等营养元素含量丰富，基本无毒害性。

水果废弃物主要产生在采收果园和贮藏包装场所，容易实现单独收集处理。据美国马萨诸塞州的一项统计数据表明，如果将水果废弃物按照一般处理生活垃圾的方式进行处理，其成本较高且资源浪费情况严重。在马萨诸塞州连锁超市经营过程中产生的水果废弃物，如果采用一般生活垃圾的处理方式进行卫生填埋，成本高达 90 美元/t，如果超市与农场合作将水果废弃物采用堆肥方式进行处理，成本约有 50 美元/t，且与农场签订供货协议本身可降低超市的经营成本。因此，对水果废弃物的处理应该按照其生理特性来建立合理科学的处理方式。

国内外近 5 年来对水果废弃物处理方法大多处于研究探索阶段。据相关研究资料表明，水果废弃物的处理方法主要以厌氧发酵和好氧堆肥为主，同时还存在着对其他处理技术。厌氧发酵工艺能够产生沼气，但是厌氧发酵工艺的成功实施依赖于高效反应器的开发利用，受设施规模的限制，同时存在最终的废水废渣处理问题。好氧堆肥则是将水果废弃物进行好氧堆沤来制取有机肥，需降低含水率，添加各种蓬松物质以增加孔隙率，同时需要人工进行翻堆。厌氧发酵和好氧堆肥都需要一定的基础设施建设,需要成本投入,对于具体的操作和管理都有相对应的技术要求,在选择处理水果废弃物的方式时,要根据当地的实际情况和需求来选择适合的处理技术,综合考虑各方面因素才能够有效地实现消除污染、节约资源和达到质量安全控制的目的。

1. 厌氧发酵技术

厌氧发酵技术主要包括批量式消化系统、连续流单相消化系统、连续流两相消化系统、废弃物与粪便混合发酵、反应器进行厌氧发酵等。

(1)批量式消化系统。批量式消化系统是指将进料一次性加入到反应器中,依据实验条件添加或者不添加微生物菌剂,厌氧消化的各个步骤在反应器中依次进行。在中温和高温条件下,对水果废弃物进行了批量式厌氧消化研究,和分批补料反应器在水果废弃物堆肥上的应用,分批补料反应器的性能优于批量式反应器。分批补料反应器的性能通过与批量式反应器的比较研究来显现。在同样的通气速率下,分批补料反应器的最优,使得废弃物堆肥达到了最大干物质消耗率和在最短时间的高腐熟度。36 天之内在同样的实验条件下,分批补料反应器降解废弃物的速率是分批反应器的 5 倍。从目前的市场占有率来看,批量式消化系统的应用并不是很成功,但是批量式消化系统具有设计简单、控制方便、可处理污染程度高的废弃物、投资少等特点,使得它特别适合在发展中国家使用。批量式厌氧消化反应器处理水果废弃物技术因其在时间和顺序上的高灵活度、无须单独的澄清器以及在反应器内能够保留高浓度生长缓慢的厌氧细菌等特点而备受人们关注。

(2)连续流单相消化系统。目前,世界各国在城市固体废弃物和畜禽废弃物处理上,主要采用的是单相消化系统,因其操作简单而且可以节约成本,连续流单相消化系统显示甲烷的产量较高。

(3)连续流两相消化系统。试验表明,在处理高降解性固体废弃物时,两相厌氧消化系统优于单相厌氧消化系统。两相消化系统的优点主要包括对挥发性有机酸的积累和对 pH 值下降的缓冲,总水力滞留时间和反应时间短,负荷高、气体产量以及甲烷产量高。水果废弃物在传统的两相反应器中可以高度生物降解,同时反应中总的 COD 的 96% 都可以转化成甲烷和生物量。

(4)水果废弃物与粪便混合发酵。对水果废弃物单独进行厌氧消化会产生过多的酸性物质,若是将水果废弃物与粪便混合发酵处理可以一定程度上减少抑制类酸性物质的产生。各项研究表明,将水果废弃物与粪便混合处理效果优于单纯将水果废弃物进行厌氧消化。与粪便混合厌氧消化将是水果废弃物处理的一个趋势。

(5)利用自行设计的反应器进行厌氧发酵。在国内一些研究者以自行设计的厌氧发酵装置对水果废弃物进行消化处理。研究发现,可以采用在水果废弃物中添加一些含氮、磷高的有机物一起进行厌氧发酵以达到更高的产气量、产甲烷量。

2. 好氧堆肥

堆肥作为一种有效的有机废弃物资源化处理技术,成为国内外固体废弃物资源化的一大研究热点。好氧堆肥堆体温度高,一般为 50 ~ 65℃,故亦称为高温堆肥。高温堆肥可以最大限度地杀灭病原菌,同时对有机质的降解速度快,是处理有机废弃物的有效方法。好氧堆肥包括废弃物直接堆肥、废弃物与粪便混合堆肥等。

(1)水果废弃物直接堆肥。堆肥方式包括地下窖藏式、地下开放式、地上开放式、地上密闭式等。经验证发现,地上密闭式的堆肥腐熟进度优于其他 3 种方式。将堆肥产物还田能有效减少固体废物非点源污染、提高土壤肥力。

(2)水果废弃物与粪便混合堆肥。通过试验表明,在水果废弃物堆肥过程中添加牛粪能够为堆肥所需微生物提供其所需的大量元素和微量元素。添加粪便提高了温度提升的速率和最高温度的持续期,减少了停滞和顶峰时间,减少了堆肥过程中的停滞时间,加速了堆肥进程。联合堆肥可以获得高质量的堆肥产品,废弃物还田可以减少固体废弃物的污染,提高土壤肥力。同时显著增加了堆肥中的氮、磷和钾的养分含量,降低了堆肥的容重,堆肥的总孔隙度和持水孔隙度有明显提高,改善了堆肥产品的品质。

3. 对水果废弃物的其他处理方式

对水果废弃物的其他处理方式包括自然堆沤、固体发酵生产饲料蛋白等。

(1)自然堆沤。自然堆沤是指将水果废弃物堆放在堆沤池中,加入一定的生物菌剂,加速废弃物的分解液化,可将废弃物产生的液体当作肥料直接施用于农田。该方式不需要大量的设备投资和建设成本,具体操作和运行管理都简单易行,适用于贮藏过程中水果废弃物处理和果园水果废弃物处理的推广应用。

(2)固体发酵生产饲料蛋白。固体发酵生产饲料蛋白是指利用水果废弃物与发酵菌种加入微量元素,采用不灭菌固体发酵工艺,进行发酵。该工艺有效提高了蛋白质含量,并为处理固体废弃物提供了新的处理思路和方向。

二、包装废弃物

环境保护和资源合理利用是一项紧迫的、艰巨的任务。包装废弃物是一种污染源,但也是一种可利用的资源。目前,包装废弃物的回收处理已经引起世界各国的重视,同样包装废弃物的处理与水果质量安全控制受到普遍关注。

包装领域是各种材料转化为废弃物率最高的部门。对包装废弃物的回收处理,既可产生经济效益,又安全可控,使其变废为宝,也有利于保护生态平衡。

包装废弃物虽然种类繁多,但按包装制品的材质可分为纸类、塑料、金属、木材及复合材料等。为防止产品损坏,不少产品的包装中还有大量的缓冲材料和填充料,如发泡塑料、发泡网、塑料袋、纸等。

环保对包装材料的要求,包装材料要使用绿色环保包装材料。

纸类:利用自然资源开发纸包装材料或可食性纸制品;

塑料包装材料:要可回收利用,用废旧塑料生产薄膜塑料发展可降解塑料;

金属包装材料:提高材料强度减少基板厚度,减少铁的镀锡量,采用电阻焊实现无铅污染。

世界各国的包装废弃物资源化实践表明,包装废弃物资源化潜力巨大。要进行包装废弃物的综合利用,首先要建立资源化系统。资源化系统是指原材料经加工制成的产品,经人们的消费后成为废弃物,再引入新的生产消费循环系统,就整个社会而言,就是“生产—消费—废弃物—再生产”这样一个不断循环的生态系统。

对包装废弃物直接回收循环利用。回收复用是包装废弃物资源化利用的首选途径,如果彻底实施可起到浪费少、花费少的效果。一些木制品、纸质制品、金属制品和塑料包装制品等都是可以直接回收复用的。直接复用一般是将这些废弃物通过简单处理再用于原产品的包装使用。

包装废弃物的处理途径包括:

1. 木质、纸制品包装废弃物处理

在水果贮藏过程中所产生的木质包装废弃物和纸制品包装废弃物,主要是通过认真细致的收集整理后,将木质包装废弃物运送到木材加工厂通过机械或化学处理方法制造人造板、木屑板、木质隔音砖、地板等产品;将纸制品包装废弃物运送到纸加工厂,将废纸经过浆料制备装置处理制成纸浆,纸浆可以用来同必要比例的纯木浆混合制造纸和纸板。如厨房用的卷纸、写字纸、信封、新闻印刷纸等。

2. 塑料包装废弃物处理

塑料包装废弃物主要分为两大类——塑料筐和塑料薄膜。世界各国都将塑料回收利用作为当今世界塑料废弃物处理的主要发展方向，塑料包装废弃物回收利用比例美国2002年达到42.5%左右。德国2001年就高达70%。现在为了便于回收利用，许多塑料生产厂家都使用塑料工业制定的编码系统。塑料筐可通过清洗、消毒等处理后进行再利用。塑料薄膜一般较塑料筐难以再利用，但可以把它们进行收集整理后，运送到塑料回收站作为能源加以利用。

3. 金属包装废弃物

金属包装废弃物的处理主要是进行收集整理后，运送到金属回收站，由金属回收站进行集中处理，制成再生原料。

三、一般生活垃圾废弃物

在水果贮藏过程中，制造着一些生活垃圾，如何处理他们考验着我们的智慧和能力。针对水果贮藏过程中目前生活垃圾是混合垃圾且在一个非常长的时间内将维持这种局面的现状，建议采用综合处理工艺。

1. 源头分类收集

当前垃圾处理最省钱、最省事、最快捷的方法就是在水果贮藏过程中动员全民参与生活垃圾的源头分类收集，减少垃圾产生量，即源头分类收集消减垃圾。同时改随手扔掉为分类回收，使之送去再生循环。这比需要一定的技术和资金实现垃圾“资源化”和“无害化”处理肯定要节约大量的人力、物力和财力。而且这不仅少花政府的钱，也少花老百姓的钱。不仅少花今天的钱，也为子孙后代多留一些宝贵的资源。

2. 集中处置

由于我国历史形成的原因，生活垃圾的收运与处理处置往往是分开的；负责生活垃圾收运的组织，配备有街道清扫人员、街道清扫车辆、垃圾收运车辆、垃圾转运站等，并把垃圾运送到当地政府指定的处理处置地点或组织；生活垃圾处理处置的组织，则把负责垃圾收运的组织运送来的生活垃圾进行处理处置。因此，水果贮藏过程中所产生的一般生活垃圾废弃物只用收集、运送到当地政府指定的处理处置地点即可。

3. 堆肥

堆肥是把有机垃圾送入机械消化机中，通过微生物的作用，变成高效有机肥。此法需要将有机垃圾与其他垃圾分开，便于回收，变废为宝，具有很好的前景。

第六章　水果运输质量安全控制

随着经济的发展和人民生活水平的提高,对品质优良的新鲜水果的需求量越来越大,而新鲜水果的生产有地区性和季节性的限制。协调解决生产和消费之间的矛盾,运输质量安全控制起着重要的作用。

运输是动态贮藏。我国地大物博,地处北温带和亚热带,南菜南果北运线路可长达 2 000 ~ 3 000km,冬季和初春,产地和销地温差可达 30℃,运输情况复杂。欲在运输途中保持品质、延长寿命,这与新鲜水果的采后处理、装卸水平、运输中的环境条件、运输时间、运输工具、路途状况和组织工作均有密切关系。

通过运输满足人们的生活需要,有利于提高人们的生活水平和健康水平,运输的发展也推动了新鲜水果的生产增长。水果运输的重要内容是质量安全控制,质量安全控制主要包括包装要求、运输方式和运输工具选择、防止污染等。

第一节　包装要求

水果贮藏中的包装,主要是为了满足在静态条件下的保存或周转,多数采用较大容量的周转箱(筐)。而运输环节的包装,要经多长时间,远距离的颠簸和多次装卸、搬运,并直接面向市场,对包装材料、包装方式的选择以及包装标识,都提出了更高、更多、更细的要求。

1. 包装材料

水果运输包装材料的性能应能够承受:

——装卸过程中的剧烈搬运

——其他容器的压迫

——运输过程中的冲撞和颠簸

——预冷、运输和贮藏过程中的高湿度

包装材料应根据水果不同品种的需求、包装方法、预冷方法、材料的强度、成本、买方说明以及运费等情况进行选择。

2. 箱子规格尺寸

箱子的规格尺寸见表 6 – 1。

表 6 – 1　箱子的规格尺寸要求(单位:mm)

产品名称	包装容器	序号	尺寸(长×宽)	公差
苹果、桃、梨	瓦楞纸箱	1	480×320	–2
		2	500×300	–2
	钙塑箱	1	590×290	–2
		2	570×270	–2
葡萄	瓦楞纸箱	1	360×190	–2
		2	480×320	–2
	钙塑箱	1	590×290	–2
		2	570×270	–2

3. 箱体强度要求

双瓦楞纸箱空箱抗压强度要求、单瓦楞钙塑箱空箱抗压强度要求见表 6 – 2、表 6 – 3。

表 6 – 2　双瓦楞纸箱空箱抗压强度要求

名称	序号	空箱抗压力,N≥
苹果、桃、梨包装箱	1	8 330
	2	7 350
葡萄包装箱	1	7 350
	2	7 840

表 6 – 3　单瓦楞钙塑箱空箱抗压强度要求

名称	序号	空箱抗压力,N≥
苹果、桃、梨包装箱	1	6 860
	2	6 370
葡萄包装箱	1	6 370
	2	6 860

4. 纸箱、钙塑箱的制作、黏合、钉合、压线及其外观要求

瓦楞纸箱是由模切压痕后的瓦楞纸板互相搭边接合在一起,而形成一个完

整的组合瓦楞纸箱。

瓦楞纸箱的箱体接合有3种方法:金属钉钉合方法、胶带黏合方法、黏合剂黏合方法。金属钉钉合方法是应用较多的一种箱体接合法,用金属钉沿搭接部分的中线钉合。胶带黏合方法是用宽度为60mm左右的胶带在纸箱外部,以纸箱接口部的结合楞线为中线进行黏合。黏合剂黏合方法是用黏合剂将纸箱箱体的搭接部分黏合。黏合剂要黏性好,对温度、湿度变化有较高的适应性,能在较短时间内快速干固,现在所用黏合剂多为聚醋酸乙烯乳液。

在纸箱箱体的3种接合方法当中,黏合剂黏合的接合强度最好,胶带黏合的接合强度次之,金属钉钉合的接合强度最低。在选用瓦楞纸箱接合方法时,应根据内装物的特征、瓦楞纸板的种类和瓦楞纸箱生产批量来合理选用。

瓦楞纸箱面纸印刷的图文清晰,色泽一致,光亮鲜艳,印刷位置正确。成型的箱体四周封闭良好,无漏洞;箱盖合拢后无参差和离缝箱体内径与设计尺寸要求基本一致,箱盖经反复折叠不易出现裂缝和断裂。此外,瓦楞纸箱应接合规范,边缘整齐、不叠角;箱面整洁,不允许有明显的损坏和污迹。

5. 纸箱防潮及透气孔

纸箱要求内外都涂防潮油,单瓦楞钙塑箱要求打孔,箱子第二、第四面各开8个长20mm、宽15mm的椭圆形透气孔。第五、第六面各开4个透气孔。

6. 包装要求

纸箱、钙塑箱包装苹果、桃、梨,每箱装果15~20 kg,包装葡萄5 kg左右。

包装时将包装底部摇盖折起,并用金属丝钉牢。

挑选无损伤的果实,用无毒包装纸张或塑料薄膜进行单果包装,并将隔板分层装入箱内。

果实装进包装箱后,进行封箱,纸箱可用胶粘带粘牢,也可用低碳钢扁丝钉牢或采用黏合剂黏合,钙塑箱采用镀镍或镀锌等铁丝钉合。

封箱后,将果品品种、等级、数量、产地等内容全部填写清楚。

7. 包装标志

包装箱应标明纸箱生产厂名、代号、经营单位具体名称、注册商标、农副产品标志、商品条形码(出口优质商品)、怕湿、堆码极限等文字和图示标志,同时印制产品名称和美术图案,并印制“品种____”“等级____”“数量____”“规格____”等信息。

8. 包装箱质量测试方法

(1)单瓦楞钙塑箱。

1)试样。物理机械性能试样从供试的样品中任取 4 只,其中 3 只做空箱抗压测试,1 只供钙塑板的试样制备。

2)状态调节和试验。试样状态调节和试验的标准环境在正常偏差范围内进行,并在此条件下进行试验,状态调节不少于 4 小时。

3)规格。箱体用精度 0. 5mm 的钢直尺测量每只样箱长、宽、高每个边的平行距离,取其最大值或最小值。钙塑板厚度用精度 0. 02 mm 的游标卡尺垂直于瓦楞筋方向测量每只样箱钙塑板的厚度。任意测量 5 个点,取其最小值。瓦楞筋数用精度 0. 5 mm 的钢直尺对每只样箱表面任意位置进行测量,从第一条瓦楞筋为起点计数,至 100 mm 处记录瓦楞筋效,取其最小值。

4)外观。在自然光线下目测和用相应的量具测量。

5)物理机械性能。①钙塑箱空箱抗压力。将所测箱子的上盖和下底用胶带封固,然后平置于试验机的两压板间,使试样中心线与试验机两压板中心垂线重合,试验速度为每分 10mm ± 2mm,记录空箱四周压弯曲时的最大值值,取 3 只箱子测试结果的平均值,精确到 1N。②拉断力和断裂伸长率。试样为哑铃型,标距为 70mm,试验速度为每分 50mm ± 5mm,以 5 个试样测试结果的算术平均值表示,精确到 1N。③平面压缩力。裁取直径 80mm ± 0. 5mm(面积为 $50cm^2$)的圆形试样 5 片,试验速度为每分 10mm ± 2mm,以记录仪上出现的第一个峰值作为压缩负荷。试验结果以 5 个试样的算术平均值表示,精确到 1 N。④垂直压缩力。裁取 100 mm × 60 mm 缺口试样 5 片,将试样按瓦楞筋方向垂直置于试验机的两压板间,使试样中心线与两压板中心线重合,试验速度为每分 10mm ± 2mm,取试样中部(缺口处)压弯曲时的最大负荷作为垂直压缩力。以 5 个试样测试结果的算术平均值表示,精确到 1N。⑤撕裂力。裁取直角撕裂试样 5 片,试样直角口对准瓦楞筋,使撕裂方向与瓦楞筋方向一致,试验速度为每分 200mm ± 50mm,以 5 个试样测试结果的算术平均值表示,精确到 1N。⑥低温耐折。试样为长 100mm、宽 25mm 的长条形,每组 3 片。将试样置于规定温度的工业乙醇中,温度波动允许 ± 2℃。15 分后取出,用两块木板夹住,立即对压线部位进行 90°弯折,然后再以相反方向进行 180°弯折,弯折在 30 秒内完成,观察弯折处是否有裂纹。3 个试样均不裂为合格。

(2)瓦楞纸箱。在包装果品前,应进行包装箱的性能测试。主要包括边压强度的测定、耐破强度测定、含水量的测定、戳穿强度的测定、空箱抗压力测试等方面。测纸箱内尺寸时，把纸箱撑开成型，相邻夹角成90°，量取搭接舌边以外构成长、宽两面的距离为箱长、箱宽。

1）尺寸与偏差。瓦楞纸箱的长、宽之比一般不大于2.5∶1；高、宽之比一般不大于2∶1。

2）质量与结构。纸箱的接合可用钉线或黏合剂等方式。瓦楞纸箱质量应均一，不得有黏合及钉合不良、不规则、脏污、伤痕等使用上的缺陷。瓦楞纸箱钉合搭接舌边的宽度单瓦楞纸箱为30mm以上，双瓦楞纸箱为35mm以上。钉接时，钉线的间隔为单钉不大于80mm，双钉不大于110 mm。沿搭接部分中线钉合，采用斜钉（与纸箱立边约成45°）或横钉，箱钉应排列整齐、均匀。头尾钉距底面压痕中线的距离为13mm ± 7mm。钉合接缝应钉牢、钉透，不得有叠钉、翘钉、不转角等缺陷。瓦楞纸箱接头黏合搭接舌边宽度不少于30mm，黏合接缝的黏合剂涂布应均匀充分，不得有多余的黏合剂溢出现象。黏合应牢固，剥离时至少有70%的黏合面被破坏。瓦楞纸箱压痕线宽度不得大于17mm，折线居中，不得有破裂或断线。箱壁不得有多余的压痕线。异型箱除外，构成纸箱的各面的切断部及棱必须互成直角。在压痕、合盖时，瓦楞纸板的表面不得破裂，在切断部位不得有显著的缺陷，切断口表面裂损宽度不得超过8mm。箱面印刷图字清晰，位置准确。根据需要，在适当位置印刷瓦楞纸箱的种类或代号、生产日期及制造厂等信息。瓦楞纸箱的摇盖应牢固，可以经受多次开合，经试验面层不得有裂缝，里层裂缝长总和不大于70mm。瓦楞纸箱的抗压能力进行平面压力试验，其强度值应大于规定值。瓦楞纸箱的抗机械冲击能力应与其内装物的性质、包装防护方式等综合考虑，可由供需双方协商进行有关试验并确定试验的强度值。

第二节　运输方式和运输工具选择

一、运输对环境条件的要求

1. 振动

振动是水果运输时应考虑的基本环境条件。剧烈的振动会给水果的表面造成机械损伤，促进乙烯的合成，促进果实的快速成熟。同时，伤害造成的伤口易引起微生物的侵染，造成水果的腐烂，并导致果实呼吸高峰的出现和代谢的异常。由于振动造成水果的机械损伤和生理伤害，会影响水果的贮藏和消费性能。因此，运输中必须避免和减少振动。

在同一箱内的水果个体之间、卡车与箱子之间、箱与箱之间等的固有振动频率一旦相同时，就会产生共振现象。这时，在车的上部就会一下子受到异常强烈的振动。箱子垛得越高，共振越严重。箱子垛的高度相同，则箱子小、数目多，上部箱子的振动就大。对于不致发生伤害的小振动，如果反复地增强作用次数，则水果组织的强度也会急剧下降。以后，如果遇到稍大一些的振动冲击，也有可能使产品受到损伤。新鲜水果由于振动、滚动、跌落产生外伤，会使呼吸急剧上升，内含物消耗增加，风味下降。即使运输中未造成外伤的振动，也会使果蔬呼吸上升。在箱子内部，下部的果蔬受到上部果蔬负载的影响，箱子越高，影响越大。箱与箱堆垛时，堆的方法和箱子的强度不同，则上部的荷重对下部箱子的影响也不相同。车子行驶中，由于振动，水果还受着运动荷重的影响，这些都会使损伤增加。

水果的耐振动性，与水果内在因素有关，如品种差异、遗传差异、栽培条件、成熟时间、果实大小等，同时也受到运输条件的影响。特别是成熟度不同，对振动的敏感性有很大差异。

2. 温度

温度是运输过程中的重要环境条件之一。采用低温流通措施对保持水果的新鲜度和品质以及降低运输损耗是十分重要的。根据国际制冷学会要求温度低而运输时间超过 6 天的水果，要与低温贮藏的适温相同。水果在低温运输中的推荐冷链运输温度见表 6－4。

表 6－4　新鲜水果在低温运输中的推荐冷链运输温度

（国际制冷学会，1974 年）（℃）

水果种类	1～2 天	2～3 天
苹果	3～10	3～10
葡萄	0～8	0～8
桃	0～7	0～3
西洋梨	0～5	0～3

（1）常温运输。常温运输中的货箱温度和水果温度易受外界气温的影响，特别是盛夏和严冬时，这种影响更大。南果北运，外界温度不断降低，应注意做好保温工作，防止产品受冻；北果南运，温度不断升高，应做好降温工作，防止水果的大量腐烂。

（2）低温运输。低温运输受环境温度的影响较小，温度的控制要受冷藏车和冷藏箱的结构及冷却能力的影响，而且也与空气排出口的位置和冷气循环状况密切相关。一般空气排出口设再上部时，货物就从上部开始冷却。如果堆垛不当，冷空气循环不好，会影响下部货物冷却的速度。如改善了冷气循环的状况，能使下部货物的冷却效果与上部货物趋于一致。

3. 湿度

影响湿度的因子与水果本身的水分蒸腾强度、包装的材料种类有关。

控制湿度的方法：一是在纸箱的纸板上涂以石蜡和石蜡树脂为主要成分的防水剂。二是在纸箱中用聚乙烯薄膜铺垫，则可有效防止纸箱吸潮。三是定期浇水提高湿度。

4. 气体成分

除气调运输外，新鲜水果因自身呼吸、包装材料性质以及运输工具的不同，包装内气体成分也会有相应的改变。使用普通纸箱时，因气体分子可从箱面上自由扩散，箱内气体成分变化不大，二氧化碳的浓度都不超过0.1%。当使用具有耐水性的塑料薄膜贴附的纸箱时，气体分子的扩散受到抑制，箱内会有二氧化碳气体积聚，积聚的程度因塑料薄膜的种类和厚度而异。

5. 包装

包装对水果起到保护作用，防止机械损伤；减少水果水分蒸散，防止萎蔫，并起到对水果自发气调的作用。

包装方式分大包装和小包装。

大包装：指将较多的水果或若干个小包装单位集在一起进行包装。在用于运输或贮藏时则称为运输包装或贮藏包装。

小包装：指以单个或少量水果为单位进行包装，运输时放在外包装内（可称为内包装），销售时可以作为一个单位。

包装材料：外包装包括瓦楞纸箱、浸蜡纸箱、泡沫箱、塑料箱、木板箱、集装箱等。内包装包括质地轻软的白纸、泡沫塑料网袋、塑料薄膜袋等。

6. 堆码与装卸

（1）堆码。堆码时尽量利用符合标准的运输包装，有利于内部空气的流通。

堆码方式按照品字形装车法、井字形装车法、“一二三，三二一”装车法、筐口对装法等进行装车。新鲜水果的装车方法正确与否，与水果的运输质量的高低有非常重要的关系。水果装车，首先考虑保质，然后兼顾车辆载重量和容积的充分利用。在国外冷藏运输时，必须使车内冷空气流动，从而使温度保持均匀。这要求各包装箱之间必须留有适当的间隙，每件包装箱都不应直接接触车底板和车壁板，而应留有间隙。这样，通过车壁和底板进入车内的热量就可以被间隙中的空气吸收，从而较好地保持货物的温度稳定。在装载对低温敏感的水果时，包装箱不能紧靠机械冷藏车的出风口或加冰冷藏车的冰箱挡板，以免导致低温伤害。必要时，可在上述部位的货件上面苫盖草席或草袋，使低温空气不直接与包装箱接触。发达国家水果包装已经规范化，堆码也已规范化和机械化，每车装多少箱留多少间隙都是固定的。

（2）装卸。新鲜水果流通过程中，装卸是必不可少的重要环节。新鲜水果鲜嫩，含水量高，如装卸搬运中操作粗放、野蛮，就会导致水果机械损伤、腐烂，造成巨大的经济损失。我国水果装卸搬运多用人力，其劳动强度大，机械伤严重。近年来，随着生产水平的提高，国内一些外销口岸开始与发达国家一样采用机械化搬运装卸，普遍采用了叉车、电瓶车、起重吊车、传送带等设备，改善了搬运装卸条件。路线和运输工具，以最低的运费，完成运输任务。装卸时要求箱子要捆实扎紧，搬运要轻拿轻放，快装快运。

常见的装卸工具有集装箱、托盘等。集装箱能长期反复使用，具有足够的强度。在途中转运时，不移动包装箱的货物可直接换装，能够便于货物的装满，卸完的机械化装卸。托盘是一种装卸货物用的板条状货盘，发货人在仓库内事先将货物用托盘码好，用叉车搬运装卸，各托盘之间留有空隙，供空气循环。用托盘运输，水果在车内冷却快，车内各处温度均匀，消除了循环呆滞区，所运水果品质较好。

二、运输方式

按照运输路线和运输工具的不同，可把水果的运输分为陆路、水路、空运等不同的运输方式。

陆路运输包括公路和铁路运输。

水路运输包括河运和海运。在水果运输中，要选择最经济合理的运输。

长途运输，过去一般用加冰车厢、机冷车厢或冷藏船等。近年来，国外采用冷藏集装箱或气调集装箱运输，国内大多采用汽车和火车运输。

低温冷链运输是目前世界上最先进也是最可靠的水果运输方式，即从水果的采收、分级、包装、预冷、贮藏、运输、销售等环节上建立和完善一套完整的低温冷链运输系统，使水果从生产到销售之间始终维持一定的低温，延长货架期，其间任何一个环节的缺失，都会破坏冷链保藏系统的完整性和实施。

三、运输工具

目前,国外水果运输所用的运输工具主要是普通卡车和冷藏汽车,国际间运输主要用冷藏集装箱。我国短途公路运输所用的运输工具包括汽车、拖拉机、畜力车和人力拉车等。汽车有普通运货卡车、冷藏汽车、冷藏集装箱。水路运输工具用于短途运输的一般为小船、拖船,远途运销的主要是远洋货轮。铁路运输越来越少。特别是水果供销体系由商业系统转到农民出身的广大批发商时,水果运输更是以卡车运输为主。

1. 普通卡车

在我国水果运输中普通卡车是最重要的运输工具。而国外水果运输所用的主要工具主要是冷藏汽车和普通卡车。与火车相比,这种变化是有内在原因的:一是这种车在装卸货方法上十分灵活,减少中转和多次装卸,节省时间和劳力;二是卡车每车量较少,收购和销售速度较快;三是适合农民批发商的小本经营。虽然普通卡车车厢内没有温度调节控制设备,受自然气温的影响大,但车厢内的温度、湿度可通过通风、草帘、棉毯覆盖、夹冰等措施适当调节。例如,我国北方苹果、梨冬天用草帘保温包装运输,春季用棉被加冰块保持低温运输。

2. 冷藏车

冷藏车能够使车体隔热,密封性好,在车厢前部有冷却装置,车厢里在温热季节能保持低温。冷藏车是发达国家水果采后运输最主要的形式。目前,我国很少应用冷藏车。其主要原因是运费很高。

3. 集装箱

集装箱运输是当今世界正在发展的运输工具,既省人力、时间,又保证水果质量,实现“门对门”的服务,是现代运输工具中的一大革新。在集装箱的基础上增加箱体隔热层和制冷及加温设备,即为冷藏集装箱,它可以维持新鲜水果所需的温度。在冷藏集装箱的基础上,加设气密层,改变箱内气体成分(降低氧气浓度和增加二氧化碳浓度),即为冷藏气调集装箱。控制气体成分的方法,一般是在冷藏集装箱外装液氮罐和二氧化碳罐,把气体通入箱内,释放氮和二氧化碳代替箱内空气,以达到降氧升二氧化碳从而起到气调的效果。一般来说冷藏气调集装箱较之冷藏集装箱更能保持水果新鲜品质。

4. 火车

我国水果采后长途运输目前还有部分应用火车普通货箱。一般用于较耐贮运的大宗苹果的超远途运输。火车冷藏货箱也有少量的应用。

(1)加冰保温车。根据冰盐制冷理论,冰盐制冷最低可达 -21.2℃,但实践证明,加冰保温车利用冰盐混合物冷却,在外界气温为25℃时,车内最低只能保持在 -8℃左右,加冰保温车在运输中溶化到一定程度时要加冰,因此,在铁路沿线每350 ~600km 距离处要设置加冰站,站内有加冰台、贮盐库及其他设备,或有可移动的加冰车。

(2)机械冷藏车。使用机械制冷的铁路运送车辆有的是集中发电和集中制冷,有的是集中供电,每辆货车单独制冷,车内装有风机,使空气进行循环,以增加冷却效果。机械冷藏车降温快,冷却效果好,有电热器进行加温,容易实现自动化控制,中途不需要加冰,运输速度较快。

(3)敞车加冰运输。目前我国运输,由于加冰保温车和机械冷藏车运力不够,仍需利用敞车内放置冰堆、打冰墙,或在内夹冰,然后在车底和四周用草包、棉被等衬垫覆盖着的运输,我们通常叫它"土保温车"。

(4)防寒车运输。是在冬季北方运输水果时采用的一种方式。外界气温在 -5 ℃以上,可以使用棚车进行防寒运输。采用车底垫 2 ~3cm 厚的谷糠,车壁钉挂草帘,货物上用草帘加盖,以防止货物冻伤。如果外界气温不低于 -15℃,运送时间在7 天以内,可以用有防寒装置的冷藏车,车墙与货物之间衬垫一层稻草,装车完毕,货物上层也要加盖稻草,车门应用棉被盖严。

5. 空运

空运水果可以在较短的时间内,把水果运到很远的地方,并使水果质量损失减少,其主要缺点是成本太高。目前,国内仅仅用飞机运输高质量商品,并运往消费水平高的地方,以使销售这些商品的利润可以补偿额外的运输成本。

水果运输工具的选择比较复杂,因品种的不同而有差异。多种水果要求运输温度保持0 ~4℃,才能保持好的质量,有些柔软多汁水果,抗机械伤能力十分低,虽然它们要求运输条件差异较大,但概括起来,运输中应注意以下几个方面:做好质量检查;选择适合水果特点的包装,装载要留有通风空隙;途中保持水果所要求的温度。

第三节 防止污染

水果运输中的防止污染环节主要包括水果中转场(库)、水果运输、目的地贮存和从业人员等方面。

一、水果中转场(库)

(一)水果中转场(库)建设

凡新建、扩建改建的水果中转场(库)有关食品卫生安全部分,均应按卫生规范的有关规定进行设计和施工。水果中转场(库)总平面布置图,水果未包装、已包装的质量和卫生标准,生产工艺规程以及其他有关资料,建立书面记录备查。

1. 选址

要选择地势干燥、交通方便、有充足水源的地区。水果中转场(库)不应设于受污染河流的下游。水果中转场(库)周围不得有粉尘、有害气体、放射性物质和其他扩散性污染源;不得有昆虫大量滋生的潜在场所,避免危及产品卫生。水果中转场(库)要远离有害场所。生产区建筑物与外缘公路或道路应有防护地带。其距离可根据水果的特点由各类卫生规范安排。

2. 总平面布置(布局)

水果中转场(库)应根据本场(库)特点制订整体规划。要合理布局,划分生产区和生活区;生产区应在生活区的下风向。建筑物、设备布局与工艺流程三者衔接合理,建筑结构完善,并能满足生产工艺和质量卫生要求;未包装水果和已包装水果应杜绝交叉污染。建筑物和设备布置还应考虑生产工艺对温度、湿度和其他工艺参数的要求,防止毗邻车间受到干扰。

3. 道路

水果中转场(库)道路应通畅,便于机动车通行,有条件的应修环行路且便于消防车辆到达各车间。道路应采用便于清洗的混凝土、沥青及其他硬质材料铺设,防止积水及尘土飞扬。

4. 绿化

水果中转场(库)的场与场、库与库之间,厂房与外缘公路或道路应保持一定距离,中间设绿化带。场与场、库与库间的裸露地面应进行绿化。

5. 给排水

水果中转场(库)给排水系统应能适应生产需要,设施应合理有效,经常保持畅通,有防止污染水源和鼠类、昆虫通过排水管道潜入车间的有效措施。生产用水必须符合 GB 5749 规定。污水排放必须符合国家规定的标准,必要时应采取净化设施达标后才可排放。净化和排放设施不得位于生产车间主风向的上方。

6. 污物

污物(加工后的废弃物)存放应远离生产车间,且不得位于生产车间上风向。存放设施应密闭或带盖,要便于清洗、消毒。

7. 设备、工具、管道

凡接触水果的设备、工具、管道,必须由无毒、无味、抗腐蚀、不吸水、不变形的材料制作。设备、工具、管道表面要清洁,边角圆滑,无死角,不易积垢,不漏隙,便于拆卸、清洗和消毒。设备设置应根据工艺要求,布局合理。上、下工序衔接要紧凑。各种管道、管线尽可能集中走向。冷水管不宜在生产线和设备包装台上方通过,防止冷凝水滴到水果上。其他管线和阀门也不应设置在暴露水果的上方。安装应符合工艺卫生要求,与屋顶、墙壁等应有足够的距离,设备一般应用脚架固定,与地面应有一定的距离。传动部分应有防水、防尖罩,以便于清洗和消毒。

8. 建筑物和施工

水果中转场(库)的高度应能满足工艺、卫生要求,以及设备安装、维护、保养的需要。水果中转场(库)地面应使用不渗水、不吸水、无毒、防滑材料(如耐酸砖、水磨石、混凝土等)铺砌,应有适当坡度,在地面最低点设置地漏,以保证不积水,要根据卫生要求进行。地面应平整、无裂隙、略高于道路路面,便于清扫和消毒。屋顶或天花板应选用不吸水、表面光洁、耐腐蚀、耐温、浅色材料覆盖或装修,要有适当的坡度,在结构上减少凝结水滴落,防止虫害和霉菌滋生,以便于洗刷、消毒。

9. 通道

通道要宽畅,便于运输和卫生防护设施的设置。楼梯、电梯传送设备等处要便于维护和清扫、洗刷和消毒。

10. 通风

水果中转场(库)应有良好通风,采用自然通风时通风面积与地面积之比不应小于1∶16;采用机械通风时换气量不应小于每小时换气3次。机械通风管道进风口要距地面2m以上,并远离污染源和排风口,开口处应设防护罩。水果中转场(库)必要时应增设风幕或空调设备。

11. 采光、照明

水果中转场(库)应有充足的自然采光或人工照明。采光系数不应低于标准Ⅳ级;检验场所工作面混合照度不应低于540lx;包装场所工作面不应低于220lx;其他场所一般不应低于110lx。位于包装上方的照明设备应加防护罩。

12. 防鼠、防蚊蝇、防尘设施

水果中转场(库)应根据水果卫生要求和临时贮存等特点,相应设置有效的防鼠、防蚊蝇、防尘、防飞鸟、防昆虫的侵入、隐藏和滋生的设施,防止受其危害和污染。

13. 卫生设施

洗手设施应分别设置在水果中转场(库)进口处或适当的地点。要配备冷热水混合器,其开关应采用非手动式,龙头设置以每班人数在 10 人以内者,按每 5 人 1 个,20 人以上者每增加 10 人增设 1 个。洗手设施还应包括干手设备(热风、消毒干毛巾、消毒纸巾等);根据生产需要,还应配备消毒手套,同时还应配备足够数量的指甲刀、指甲刷和洗涤剂、消毒液等。

水果中转场(库)进口,必要时还应设有工作靴鞋消毒池(卫生监督部门认为无须穿靴鞋消毒的车间可免设)。消毒池壁内侧与墙体呈 45°坡形,其规格尺寸应根据情况务使工作人员必须通过消毒池才能进入为目的。

14. 更衣室

更衣室应设储衣柜或衣架、鞋箱(架),衣柜之间要保持一定距离,离地面 20cm 以上,如采用衣架应另设个人物品存放柜。更衣室还应备有穿衣镜,供工作人员自检用。

15. 淋浴室

淋浴室可分散或集中设置,淋浴器按每班工作人员计每 20 ~ 25 人设置 1 个。淋浴室应设置天窗或通风排气孔和采暖设备。

16. 厕所

厕所设置应有利生产和卫生,其数量和便池坑值应根据生产需要和人员情况适当设置。厕所应设置在水果中转场(库)外侧,并一律为水冲式,备有洗手设施和排臭装置,其出入口不得正对水果中转场(库)门,要避开通道;其排污管道应与水果中转场(库)排水管道分设。设置坑式厕所时,应距水果中转场(库)25m 以上,并应便于清扫、保洁,还应设置防蚊、防蝇设施。

(二)卫生管理

1. 机构

水果中转场(库)必须建立相应的卫生管理机构,对本场(库)的卫生工作进行全面管理。管理机构应配备经专业培训的专职或兼职的卫生管理人员。

2. 职责(任务)

宣传和贯彻卫生法规和有关规章制度。监督、检查在本场(库)的执行情况,定期向食品卫生监督部门报告。制定和修改本场(库)的各项卫生管理制度和规划。组织卫生宣传教育工作,培训从业人员。定期进行本场(库)从业人员的健康检查,并作好善后处理工作。

3. 维修、保养工作

场(库)和各种机械设备、装置、设施、给排水系统等均应保持良好状态,确保正常运行和整齐洁净,不污染水果。

建立健全维修保养制度,定期检查、维修,杜绝隐患,防止污染水果。

4. 清洗和消毒工作

应制定有效的清洗及消毒方法和制度,以确保所有场所清洁卫生,防止污染水果。使用清洗剂和消毒剂时,应采取适当措施,防止人身、水果受到污染。

5. 除虫、灭害的管理

场(库)应定期或在必要时进行除虫灭害工作,要采取有效措施防止鼠类、蚊、蝇、昆虫等的聚集和滋生。对已经发生的场所,应采取紧急措施加以控制和消灭,防止蔓延和对水果的污染。使用各类杀虫剂或其他药剂前,应做好对人身、水果、设备工具的污染和中毒的预防措施,用药后将所有设备、工具彻底清洗,消除污染。

6. 有毒有害物品管理

清洗剂、消毒剂、杀虫剂以及其他有毒有害物品,均应有固定包装,并在明显处标示"有毒品"字样,贮存于专门库房或柜橱内,加锁并由专人负责保管,建立管理制度。使用时应由经过培训的人员按照使用方法进行,防止污染和人身中毒。除卫生和工艺需要,均不得在场(库)使用和存放可能污染水果的任何种类的药剂。

7. 污水、污物的管理

污水排放应符合国家规定标准,不符合标准者应采取净化措施,达标后排放。场(库)设置的污物收集设施,应为密闭式或带盖,要定期清洗、消毒,污物不得外溢,应于24小时之内运出厂区处理。做到日产日清,防止有害动物聚集滋生。

8. 残次水果的管理

残次水果和废弃物应及时从生产车间运出,按照卫生要求,贮存于残次水果仓库,废弃物则收集于污物设施内,及时运出厂区处理。使用的运输工具和容器应经常清洗、消毒,保持清洁卫生。

9. 卫生设施的管理

洗手、消毒池,靴、鞋消毒池,更衣室、淋浴室、厕所等卫生设施,应有专人管理，建立管理制度，责任到人，应经常保持良好状态。

10. 工作服的管理

工作服包括淡色工作衣、裤、发帽、鞋靴等，某些工序（种）还应配备口罩、围裙、套袖等卫生防护用品。工作服应有清洗保洁制度。凡直接接触水果的工作人员必须每日更换。其他人员也应定期更换，保持清洁。

11. 健康管理

场（库）全体工作人员，每年至少进行1次体格检查，没有取得卫生监督机构颁发的体检合格证者，一律不得从事水果包装、中转工作。对直接接触水果包装的人员还须进行粪便培养和病毒性肝炎带毒试验。凡体检确认患有肝炎（病毒性肝炎和带毒者）、活动性肺结核、肠伤寒和肠伤寒带菌者、细菌性痢疾和痢疾带菌者、化脓性或渗出性脱屑性皮肤病和其他有碍水果卫生的疾病或疾患的人员均不得从事水果包装、中转工作。

（三）卫生和质量检验的管理

水果中转场（库）应设立与生产能力相适应的卫生和质量检验室，并配备经专业培训、考核合格的检验人员，从事卫生、质量的检验工作。卫生和质量检验室应具备所需的仪器、设备，并有健全的检验制度和检验方法。原始记录应齐全，并应妥善保存，以备查核。应按国家规定的卫生标准和检验方法进行检验，要逐批次对中转的水果进行检验，并签发检验结果单。对检验结果如有争议，应由卫生监督机构仲裁。检验用的仪器、设备，应按期检定，及时维修，使之经常处于良好状态，以保证检验数据的准确。

二、水果运输途中及目的地贮存的卫生要求

运输工具（包括车厢、船舱等）应符合卫生要求。要根据水果特点配备防雨、防尘、冷藏、保温等设施。

运输作业应避免强烈震荡、撞击，轻拿轻放，防止损伤包装箱外形；且不得与有毒有害物品混装、混运，作业终了，搬运人员应撤离工作地，防止污染水果。运输时，应根据水果的质量和卫生要求，由专门的运输工具进行。

水果运输到达目的地后，经检验合格的水果，应及时贮存于冷藏库，其容量应与消费能力相适应。按品种、批次分类存放，防止相互混杂。冷藏库不得贮存有毒、有害物品或其他易腐、易燃品。

经检验合格的水果箱在码放时，要与地面，墙壁应有一定距离，便于通风。并留出通道，便于人员、车辆通行，要设有温度、湿度监测装置，定期检查和

记录。

要有防鼠、防虫等设施，定期清扫、消毒，保持卫生。

三、从业人员卫生与健康的要求

从业人员（包括临时工）应接受健康检查，并取得体检合格证者，方可参加水果包装、贮存、运输等工作。从业人员上岗前，要经过卫生培训教育，方可上岗。上岗时，要做好个人卫生，防止污染水果。工作时，必须穿戴整洁统一的工作服、帽、靴、鞋，工作服应盖住外衣，头发不得露于帽外，并要把双手洗净。直接与水果接触的人员不准戴耳环、戒指、手镯、项链、手表。不准浓艳化妆、染指甲、喷洒香水进入工作场所。手接触赃物、进厕所、吸烟、用餐后，都必须洗净才能进行工作。上班前不许酗酒，工作时不准吸烟、饮酒、吃食物及做其他有碍水果卫生的活动。操作人员手部受到外伤，不得接触水果，经过包扎治疗戴上防护手套后，方可参加不直接接触水果的工作。不准穿工作服、鞋进厕所或离开工作场所。工作场所不得带入或存放个人生活用品，如衣物、食品、烟酒、药品、化妆品等。进入工作场所的其他人员（包括参观人员）均应遵守相关规定，防止水果造成污染，确保水果质量安全。

第七章　水果质量安全检测

我国水果栽培面积和总产量稳居世界第一且果品种类丰富，但是，我国北方水果参与国际市场的贸易与产量相比还较低，仅占水果产量的3% ~4%，远低于国际9% ~10%的平均水平。主要原因是我国的水果在品种、品质、产后、加工技术与设备方面与国外相差甚远，尤其是农药残留问题，更使得我国北方水果在出口贸易中频频遭受技术壁垒的限制。

第一节　国外水果检验检疫要求

我国北方水果出口国家较多，仅苹果出口就达83个国家和地区，每个国家单独介绍内容较多，所以将按照水果输入国检验检疫要求的难易程度，把输入国分成三类，进行检验检疫法规介绍。

一、以泰国、俄罗斯、印度尼西亚为代表的传统市场

传统市场主要包括俄罗斯、东南亚、南亚、中东等国家，这些国家检疫要求相对较松，市场门槛较低。在我国北方水果产业发展的初级阶段，加工包装简陋、在国际市场档次较低的水果已经可以源源不断出口到这些国家。但近年来，传统市场也发生了一些变化，对水果进口提出了更高的要求，如泰国、俄罗斯、印度尼西亚。

(1)泰国。2004年中泰签署《中华人民共和国国家质量监督检验检疫总局与泰王国农业与合作部关于中国水果输泰检验检疫条件的议定书》之前，输往泰国水果仅要求出具植物检疫证书，基本没有其他特定条件。议定书的签订使得输泰水果的检验检疫要求发生了一些变化，主要是：只有苹果、梨、橘、葡萄和枣可出口泰国；出口水果必须来自注册登记的果园及包装厂；水果不得携带橘大实蝇、蜜柑大实蝇或番石榴实蝇等限定性有害生物、泰国法律法规规定的检疫性有害生物以及新发生的可能对泰国农作物生产造成不可接受的经济影响

的其他有害生物；输泰水果包装箱必须加贴由 MOAC（泰王国农业部与合作部简称）和 AQSIQ（中华人民共和国国家质量检验检疫总局）认可的检疫标签等。

《中华人民共和国国家质量监督检验检疫总局与泰王国农业与合作部关于中国水果输泰检验检疫条件的议定书》规定：水果不得携带 MOAC 关注的限定性有害生物，不得带有枝、叶和土壤。水果上的农药及化学残留限量不得超出泰国法律法规规定的标准。对泰国尚无限量标准的，则参照国际食品法典委员会（CAC）有关标准，或者 MOAC 和 AQSIQ 商定的标准；AQSIQ 将对输往泰国的柑橘进行检疫并证明不带有橘大实蝇、蜜柑大实蝇或番石榴实蝇。如果出口柑橘来自上述实蝇发生地区，则须由出口方进行有效的除害处理；AQSIQ 应对病虫害发生情况进行调查和监测，并向 MOAC 通报中国这些水果上发生的重大疫情和新发生的任何有害生物。AQSIQ 应对水果上的农用化学品的科学使用进行监督管理，并定期实施农残检测，确保符合泰方安全卫生要求。AQSIQ 应推广"良好的农业操作规范"管理；经双方协商同意，MOAC 将派检验检疫官员赴中国水果产地进行考察和预检。内容包括有害生物的监测情况、对限定性有害生物的预防及控制措施，农用化学品使用情况等；水果到达泰国入境口岸时，MOAC 将查验有效的带有所需附加声明的植物检疫证书、检疫标识，检查货物的完整性，并进行检验检疫和抽样；发现任何虫态的一种活的实蝇，则对该批水果采取立即销毁、转口或在安全区域进行有效除害处理的措施，有关费用由货主承担。如发现带有枝条、叶片或土壤，或发现带有限定性有害生物（实蝇除外），则对该批水果进行销毁、转口或进行有效的检疫除害处理，有关费用由货主承担。

泰国检验要求：重点关注的农药主要有 4 种，即久效磷、甲胺磷、速灭磷、敌敌畏。以上这些新规定的检验检疫要求，对于提升输泰国水果质量起到了一定的推动作用。

（2）俄罗斯。对安全卫生方面提出了新的要求：西瓜（硝酸盐 60g/kg）、香瓜（硝酸盐 90g/kg）、葡萄（多菌灵不得检出）、草莓（多菌灵不得检出）、苹果（毒死蜱 0.005g/kg、多菌灵不得检出）。另外，所有的食品及其原料都要进行六六六、滴滴涕及其代谢物的检验。同时，俄方还会根据供货者提供的有关生产和储存中使用杀虫剂及其他农业化学品的信息，进行针对性的监控检验。

传统检疫要求：不得带有梨小食心虫、桃小食心虫及苹果实蝇，否则进行退货、销毁或检疫熏蒸等处理。

（3）印度尼西亚。2011 年 7 月 20 日，印度尼西亚农业部发布公告，自 2011

年8月1日起,所有进口水果除提供提单、产地证、植物检疫证书外,还必须附有健康证书,以上单据缺少任何一种,印度尼西亚植物检疫部门将拒绝接受、清关,并处以600美元罚款及加收进口关税等惩罚性措施。自2012年6月19日起,除了美国、澳大利亚和加拿大经过食品安全体系认证的国家可以直接进入印度尼西亚的雅加达港口外,其他国家的所有蔬菜、水果等冷冻货柜进入印度尼西亚境内都要实行限定口岸入境,即"中国产"的水果及蔬菜只能通过勿拉湾港、泗水港、望加锡机场等7个港口、机场进入印度尼西亚境内。

二、以欧盟为代表的国际市场

这些市场主要包括欧盟成员国。他们设定一定的检验检疫条件后,只要水果满足条件,不管是什么品种、如何加工的,都可以进入其市场。主要的检疫要求为:苹果、梨、李子需随附植物检疫证书,必要时需转口植物检疫证书。无苹果轮纹病、桃小食心虫、苹小食心虫、樱桃小卷蛾、杏小卷蛾。检验要求较多:欧盟对苹果有186种农药残留要求,对梨有188种农药残留要求,苹果和梨基本一致,但目前,我们出口主要针对水果生产、包装、贮存过程中使用的农业化学投入品进行监控检验,包括农药、保鲜剂、生长调节剂等,山东约为16种,陕西约为20种,山西去年16种。农药主要有氯氰菊酯、氰戊菊酯、多菌灵、吡虫啉、哒螨灵、灭多威、毒死蜱、代森锰锌、三唑酮、氟硅唑、啶虫脒、灭幼脲、丙森锌等。

对于欧盟市场,我们应该大力发展出口果园基地建设,搞好规范化管理,提高水果生产的标准化程度,鼓励企业进行果园的GAP(良好农业规范)认证(进入欧盟超市的水果必须通过GAP认证)。同时,完善包装厂的质量管理体系,提高出口水果质量,扩大市场占有率。

三、以美国、加拿大、澳大利亚等国家为代表的国际市场

这些市场主要包括美洲、非洲、大洋洲国家以及亚洲的日本和韩国。这些国家对于首次进口的水果,必须进行有害生物风险分析的解禁程序、签署协定书或工作计划等以明确检验检疫要求后,方可进口。

2000年以来,在国家质检总局的领导和不懈努力下,我国的水果相继打开了加拿大、澳大利亚、美国、新西兰、智利、墨西哥、阿根廷、秘鲁等国家的市场。2010年,河北、山东、陕西、山西苹果获准进入澳大利亚市场。2013年初,国家质检总局与美国经过6年的艰难谈判,中国砂梨(包括酥梨、韩国梨、西洋梨等)获准进入美国市场。这些新市场的开发,为我国水果出口质量和数量的提升起

到了重要推动作用。

第二节 我国出境水果检验检疫程序及要求

一、出境水果检验检疫程序

1. 出口水果果园、包装厂注册登记

企业申请—果业或农业部门推荐—果园、包装厂审核—登记编号—上报国家质检总局。

2. 出口水果检验检疫申报

3. 现场检疫

4. 实验室检验检疫鉴定(农药残留、有害生物)

5. 合格的出具植物检疫证书、健康证书及换证凭条通关放行

二、检验检疫监督管理依据

1. 输入国检验检疫要求(双边协议、议定书等)

2.《出境水果检验检疫监督管理办法》

3. 行业标准:进出境水果检验检疫规程(SN/T 2455—2010);进出境苹果检疫规程(SN/T 2077—2008)

三、水果包装厂注册登记要求

1. 厂区环境及基础设施要求

企业周围环境无影响水果卫生的因素,厂区平面图与实际相符,厂区独立;厂区内无兼营、生产和存放影响水果卫生的其他产品,厂区路面平整、无积水,无裸露地面,无鼠、蝇、害虫滋生地,有防鼠(防虫)措施。卫生间满足需要,并具有冲水设施。污水、下脚料、垃圾及时清除;厂内垃圾或废料暂存点应有适当的隔离措施。

(1)墙壁。设计、构造及其完工与维护应防止污垢的积存,减少霉菌产生,并便于清洁。

(2)地面。设计应符合生产过程需要,并适合清洁,地面应防止渗透并得到妥善保养。排水系统(包括实验室)应妥善选址、设计和保养,尽量减少产品受污染的风险。

(3)加工间吊顶。合理设计、建造、完工和维护,以防止污垢的积存,减少霉

菌滋生，并得到清洁。

(4)窗户。窗户的设计是为通风时，必须安装纱窗以防止虫害进入。

(5)门。通往原料处理、加工、包装、贮存区域的门若是敞开的，应采取适当的预防措施以防止虫害侵入。

(6)照明。应提供充分的照明设施，以保证正确操作加工、包装、检验工作。

(7)设备。贮存、加工、包装和检验区域设施和设备满足基本操作需要，能保证产品的生产和检验需求，达到出口质量标准。设备应得到维护，包括固定的设备和装置，以最大限度地减少产品污染的风险，并保存维修保养记录。

(8)员工设施。员工设施要健全，以防止员工及参观人员污染产品，增加风险性，员工设施应保护良好，卫生清洁。指定更衣设施，包括所有入加工车间的员工、来访人员和其他人员。更衣设施的位置应可让人员无须绕行其他外围区域便可直接进入生产、包装及存贮区域。户外衣物和其他个人用品应和工作服分开存放。为工人提供足够空间的设施以存贮合理的私人物品。在生产区域入口处提供合适且适当的洗手设施：温度适宜的水、皂液、干手器或一次性手巾。卫生间要有足够的隔离，且不应直接通向生产、加工、贮存区。卫生间应提供的设施包括洗手盆、适宜温度的水、皂液、干手设施、提示洗手的警示标志。

2. 车间环境要求

(1)车间面积与生产能力相适应，车间设计、布局合理，保证在同一车间，同一时间仅加工输往同一国家的单一水果品种，排水通畅；车间地面符合卫生要求；车间与外界相通的排水口、通风口、电线电缆孔、人员和物料进出口的防鼠、防蝇、防虫设施有效；车间门窗的材料符合卫生要求，坚固且结构严密。车间的照明强度满足生产、检验的需要，车间内生产线上的照明设施有防护罩。

洗手设施应符合要求，并有更衣室，更衣室卫生状况良好。

(2)加工过程控制要求，有效监控影响水果质量的关键工序，并准确记录，质量检验人员是否按体系文件规定在现场实施检验任务，有效控制车间内使用的清洗剂、消毒剂等。

(3)检查工人健康状况，工作人员应保持个人清洁，不将与生产无关的物品、饰品、手表带入车间。

(4)不合格成品的外包装上标识完整、清晰，不合格品单独存放。

3. 原料、辅料要求

应有固定的水果基地或供应商，具有健全的原料、辅料验收标准，进行进厂验收，现场记录验收项目。

（1）原辅料质量决定了产品质量状况，故对进厂的原辅料必须进行严格的控制。所有的原料必须来自于注册果园，非注册果园的产品不得用于出口销售。

（2）在原料入厂时必须进行入厂检验，检验项目必须包括且不限于以下内容：原料的注册果园、运输车辆、入厂日期、虫害名称及数量、病害名称及数量、是否带有枝叶、检验人员等。

（3）原料入厂后贮存必须做到可追溯性。

4. 厂区病虫害监测防治要求

有整个厂区的疫情监控体系，有喷雾器等防疫设施及相关药剂，对于有要求的国家，厂区及周围2km范围内无有梨锈病转主寄主。

（1）所有生产区域实施预防性虫害控制方案，以最大限度地减少虫害的侵袭。

（2）公司可将虫害控制外包给有能力的虫害控制组织，或对员工进行适当的培训，定期对现场进行检查和处理以杜绝虫害滋生。检查频率应适宜，并进行记录。

（3）保持书面的检查程序和记录。要有现场诱饵和监控装置的标示，要有明确规定的现场管理和承包商的责任，虫害控制产品的明细及其有效使用的指导书。

（4）诱饵应坚固、防盗、安全并固定，放置在适当的地点以防止产品的污染。

（5）灭蝇装置或生化信息素诱饵应正确安放和操作。

（6）万一发生虫害，应立即采取措施，以消除危害。

（7）虫害控制检查的结果应定期进行评估并分析，以保证问题均应得到恰当的改正。

5. 包装、贮存及运输基本要求

按规定对包装物料进行验收，并做好记录，原料、辅料、包装物料贮存库卫生状况良好，有防尘、防鼠设施，直接接触水果的包装物料不应对水果造成污染。

（1）包装。

1）产品的包装应与其用途适应，并在适当的条件下贮存，以将污染和变质的风险降至最低。贮存条件要考虑温度、湿度、防水、防火、防虫、防鼠、卫生清洁、安全、透风等条件，并配套相关的设施。

2）要从生产商处索取合格证书或其他证据证明产品包装符合其预期用途。

不得购买三无产品或其他有违法律法规的产品。

3)包装材料要与原料和成品分开存放,任何未用完的且可继续使用的包装材料在送回仓库前应得到有效的防护。

4)接触产品的衬垫要用有区别的颜色进行区分,并满足国家对接触产品的包装材料法律方面的规范。

5)当包装材料对产品安全构成危险时,应具备防止产品污染的处理程序。

(2)贮存、运输。

1)建立程序保持产品在贮存、装载和运输过程确定安全和质量。程序包括以下方面:控制温度、清洁贮存区域和车辆、适当地隔离以防止交叉污染、适当地离地离墙贮存、防止与以前所装产品产生交叉污染、装车前和卸车时的车辆检查、在有遮盖的月台上进行车辆装卸、保持产品安全并防止损坏。

2)当有温度控制要求时,将产品温度维持在规范规定的范围内;设置温度记录的装置,对其进行审查以证实时间、温度状况。

3)如果必须在室外存放物料,应保护物料避免受到污染和变质。

4)收货记录和产品标识便于库存产品的正确周转,同时应确保物料按正确的顺序和指定的货架期使用。

5)确保贮存和运输过程中的可追溯性。清晰的记录发货、货物和原料的接收,表明货物在转交过程中已进行了完全的检查。

6. 有毒有害化学物品控制要求

明确用于水果加工各环节的化学物品(包括消毒剂)的成分和来源,化学物品包装容器外标识完整、清晰,有专人负责管理,有单独存放的设施。制定化学品控制程序。

(1)所有的采购必须得到批准。

(2)提供化学品的安全数据及规范。

(3)证明对产品的适宜性。

(4)避免使用有刺激性气味的产品。

(5)全过程的化学品识别,以防止误用。

(6)仅限经过授权的人员进入的隔离和安全贮存区。隔离和安全是指化学品的贮存区域要上锁管理,区域内的设施和区域构造适合化学品的存放和管理。

(7)仅限受过培训的人员使用,非经过培训的人员不得以任何的理由接触化学品,以免对人体造成危害。

7. 溯源体系和不合格品处理程序

出口美国、澳大利亚等高端市场必须建立溯源体系和不合格品处理程序,并且保存从果园地块图(或农户)—水果入库检验检疫记录—出库加工检验检疫记录—销售记录等。

四、出境水果果园注册登记要求

1. 果园性质要求

应如实申报果园的性质,即拟申报的果园和申请出口企业的关系是自控果园关系还是合同果园关系。出口到美国、加拿大、澳大利亚、韩国等检疫要求严格的国家,申报果园必须为自控果园。所谓自控果园指的是果园的经营权归出口企业所有。果园日常管理及一切农事操作、使用的农业化学投入品的购买以及果园工作人员等全部由出口企业负责,则该果园和出口企业的关系为自控关系。合同果园指的是果园的经营权归果园所有者,出口企业与果园的关系只是松散的水果购买关系,但出口企业必须对果园的日常管理提供技术指导并予以监督,而果园日常管理及一切农事操作、所使用的农业化学投入品的购买以及果园工作人员的聘用等全部由果园所有者负责。

2. 环境要求

果园要远离城市、工矿企业、车站码头、无大气污染、周围无有毒有害物质污染源,以保证果园土壤、水质、大气环境没有污染以及将来被污染的可能性。出境水果果园必须与其他作物生产区域分界鲜明,最好使用水泥柱等制作的围栏封闭起来。水果果园的每个地块,水果种类应单一,避免多种水果在同一地块混栽,更不能在果园内种植蔬菜、花生等其他作物。出境水果果园应具备高的整齐度,果树株行距必须一致、适当,避免过密。出境水果果园必须在明显的地方(如果是封闭式果园,一般是在果园大门处)设置由 CIQ(中国出入境检验检疫)监制的出境水果注册果园标识牌。

3. 土壤及灌溉水要求

果园初次评审的总体要求是要进行风险分析,要从食品安全、操作员健康和环境等方面,来确定该地点是否适合作为出境水果的种植果园。风险评估的内容包括:果园场所的历史种植情况,土壤管理状况,垃圾和污染物的管理,繁殖材料和种植管理,相邻土地的影响。

出境水果基地应选择在生态环境良好,果园周围环境不受污染或污染物限量控制在允许范围内,灌溉水和土壤质量不能低于国家无公害水果产地环境要求的标准。其中灌溉水主要指标有 pH 值、总汞、镉、砷、铅、铬、氟化物、氰化物、石油类、氯化物含量等;土壤主要指标包括总汞、总砷、铅、铬、镉、六六六、滴滴涕的含量。

灌溉水和土壤质量应由具备资质的县级以上农业部门、环保部门、其他政府部门或具有相当资质的实验室进行监测和评价,提供环境检测合格证明。注册登记证书期满或虽未到期但出境水果基地周围环境质量有较大改变时必须重新抽取样本进行检测。灌溉水应符合农业灌溉用水的标准,严格确保未经处理的污水不能用于灌溉和施肥。

4. 肥料施用要求

肥料施用决定过程应包括作物需求、土壤本身的补给、农场肥料和作物残留营养的补给。肥料施用应遵循适时原则,以保证果树最大化的功效和吸收。必须正确遵循优化使用和贮存程序,避免流失和污染。

农药化肥施用人员资质:具备初中以上文化水平,具有一定的果树田间管理知识,诚实守信,服从管理,经专职人员(植保员)培训,并取得上岗资格的人员。

化肥使用记录应包括以下内容:详细的土地面积、名称、有机肥和非有机肥的准确使用日期、肥料的商业名称、肥料类型、使用量、施肥机器类型和方法、施肥操作者的姓名。

5. 植保员要求

出境水果登记果园和加工厂必须具备至少 1 名植保员,植保员须具备的基本条件:①具有农学、植物保护和农药使用的基本知识;农业院校中专以上学历,或经过相关知识培训以及拥有相关工作资历。②植保员应经检验检疫部门(CIQ)培训,凭 CIQ 颁发的检验检疫培训合格证书持证上岗。

植保员主要职责是做好出境水果果园有害生物监测、病虫害综合防治、指导农药安全使用和农药残留的监控工作、负责对施药人员进行培训监督、负责建立健全相关管理制度和技术档案、负责与检验检疫部门沟通和联络。

6. 植保产品使用要求

所有使用的植保产品必须在国内批准注册,同时必须考虑当地和国家植保产品法规方面的改变,果园专门的植保人员对病虫害进行观察记录,作为使用植保产品的依据。所有使用的植保产品应记录,并至少保持 12 个月,记录的内容包括果树名称和品种、使用的地点、使用日期、商业名称和有效成分、操作者、防治目标、使用的技术授权、使用的量、使用的机械、收获前的间隔。

植保产品应按规定贮存；贮存地点应可靠、安全、温度适宜、防火、通风良好，照明良好、与其他物质分开。贮存货架由不能吸收的物质制作，并可防止泄漏；植保产品贮存区域的进入，只限于参加过如何操作植保产品的正式培训的工人；空容器应遵守关于处理和销毁空容器的规定；废弃植保产品应安全地保管和标识，并且由授权的、获得批准的渠道来处理。

7. 人员培训要求

（1）目的。为保证出境果园和包装厂各项生产管理制度能够顺利开展并有效控制，企业需定期进行培训，提高员工的质量意识和行为，保证质量体系的正常运行和逐步提高。

（2）培训要求。制订年度培训计划，明确实施培训的相关责任部门。坚持按需培训、学以致用的指导思想，使相关人员具备胜任岗位工作必要的知识与工作经验。

第三节　果品农药残留技术检测

掌握果品农药残留技术检测，既可以监测果品质量，使不合格产品排除于市场之外，又可以指导生产方的合理用药。检测方法主要有气相色谱法、液相色谱法、气相色谱—质谱法（GC－MS）、液相色谱—质谱法（LC－MS）4 种，分别介绍如下：

1. 气相色谱法

采用气体作流动相的色谱法。用于挥发性农药的检测，具有高选择性、高分离效能、高灵敏度、快速的特点，是农药残留量检测最常见的方法之一。目前，用于农药残留检测技术的检测器主要有电子捕获检测器、微池电子检测捕获器、火焰光度检测器、脉冲火焰光度检测器、氮磷检测器等。

2. 液相色谱法

采用液体作流动相的一种色谱法。它可以分离检测极性强、分子量大及离子型农药，可用于不易气化或受热易分解的农药的检测。目前，用于农药残留检测最多的是紫外吸收检测器、二极管阵列检测器和荧光检测器。

3. 气相色谱—质谱法（GC－MS）

气相色谱—质谱法（GC－MS）将气相色谱仪和质谱仪串联起来，成为一个整机使用的检测技术。它既具有气相色谱高分离效能，又具有质谱准确鉴定化合物结构的特点，可达到同时定性、定量的检测目的。但是由于质谱仪价钱比较昂贵，目前在国内尚未广泛应用于农药残留量检测工作。

4. 液相色谱—质谱法(LC - MS)

液相色谱—质谱联用技术(LC - MS)是一种内喷射式和粒子流式接口技术将液相色谱与质谱串联起来，用于分析对热不稳定、分子量较大、难以用气相色谱分析的农药残留的新方法。它具有检测灵敏度高、选择性好、定性定量同时进行、结果可靠等优点。LC - MS 对简单样品可进行分析前净化并具备几乎通用的多残留分析的能力，用于对初级监测呈阳性反应的样品进行在线确证，其优势明显。尽管 LC - MS 对分析技术和仪器的要求高，但它仍是一种很有利用价值的高效率、高可靠性的农药残留分析技术。

最后两种方法需要贵重仪器且操作繁杂困难，不适合于做经常性的检测，一般可用于最后的确认工作。

第四节 果品农药最大残留限量标准

果品质量安全最核心的问题就是农药残留问题，国家农业部为从源头上解决农产品尤其是水果、蔬菜的农药残留超标问题，农业部在对甲胺磷等 5 种高毒有机磷农药加强登记管理的基础上，又停止受理一批高毒、剧毒农药的登记申请，撤销一批高毒农药在一些作物上的登记。现公布国家明令禁止使用的农药和不得在蔬菜、果树、茶叶、中草药材上使用的高毒农药品种清单。

国家明令禁止使用的农药(23 种)：六六六，滴滴涕，毒杀芬，二溴氯丙烷，杀虫脒，二溴乙烷，除草醚，艾氏剂，狄氏剂，汞制剂，砷、铅类，敌枯双，氟乙酰胺，甘氟，毒鼠强，氟乙酸钠，毒鼠硅，甲胺磷，甲基对硫磷，对硫磷，久效磷，磷胺。

在果树上不得使用的农药(19 种)：甲胺磷、甲基对硫磷、对硫磷、久效磷、磷胺、甲拌磷、甲基异柳磷、特丁硫磷、甲基硫环磷、治螟磷、内吸磷、克百威、涕灭威、灭线磷、环磷、蝇毒磷、地虫硫磷、氯唑磷、苯线磷。

表7-1 果品农药最大残留限量标准

序号	标准号	标准名称	被代替标准号
1	NY 1500.13.3—2008	农药最大残留限量甲拌磷水果	
2	NY 1500.31.1—2008	农药最大残留限量甲胺磷水果	
3	NY 1500.32.1—2008	农药最大残留限量甲基对硫磷水果	
4	NY 1500.33.1—2008	农药最大残留限量久效磷水果	
5	NY 1500.34.1—2008	农药最大残留限量磷胺水果	
6	NY 1500.35.1—2008	农药最大残留限量甲基异柳磷水果	
7	NY 1500.36.1—2008	农药最大残留限量特丁硫磷水果	
8	NY 1500.37.1—2008	农药最大残留限量甲基硫环磷水果	
9	NY 1500.38.1—2008	农药最大残留限量治螟磷水果	
10	NY 1500.39.1—2008	农药最大残留限量内吸磷水果	
11	NY 1500.40.1—2008	农药最大残留限量克百威水果	
12	NY 1500.41.1—2008	农药最大残留限量涕灭威水果	
13	NY 1500.42.1—2008	农药最大残留限量灭线磷水果	
14	NY 1500.43.1—2008	农药最大残留限量硫环磷水果	
15	NY 1500.44.1—2008	农药最大残留限量蝇毒磷水果	
16	NY 1500.45.1—2008	农药最大残留限量地虫硫磷水果	
17	NY 1500.46.1—2008	农药最大残留限量氯唑磷水果	
18	NY 1500.47.1—2008	农药最大残留限量苯线磷水果	
19	NY 1500.48.1—2008	农药最大残留限量杀虫脒水果	
20	NY 1500.49.1—2008	农药最大残留限量氧乐果蔬菜	
21	NY 1500.49.2—2008	农药最大残留限量氧乐果水果(除柑橘)	
40	NY/T 761—2008	水果中有机磷、有机氯、拟除虫菊酯和氨基甲酸酯类农药多残留的测定	

任何农药产品都不得超出农药登记批准的使用范围使用。

附1:中国砂梨出口美国植物检验检疫要求(要点)

一、美方关注的检疫性有害生物

1. 梨大食心虫
2. 日本梨黑斑病
3. 山楂叶螨
4. 梨黄粉蚜
5. 橘小实蝇
6. 内蒙上三脊瘿螨
7. 桃蛀果蛾
8. 日本龟蜡蚧
9. 红蜡蚧
10. 桃蛀螟
11. 轮纹病菌
12. 苹小食心虫
13. 褐腐病
14. 柿长绵粉蚧
15. 紫藤臀纹粉蚧
16. 日本梨黑星病

二、出口前要求

1. 果园管理

(1) 所有出口果园应实施良好农业规范,包括维持田间卫生,清除落果,冬季修剪等。遵照出入境检验检疫机构批准的《果园有害生物控制指南》进行监测和控制。

(2) 所有砂梨应在直径未超过2.5cm之前,遵照出入境检验检疫机构批准的《砂梨套袋指南》进行套袋。

(3)出入境检验检疫机构应向果园和包装厂提供第五条名单中有害生物的图文识别资料,定期对《果园有害生物控制指南》和《砂梨套袋指南》进行评估和修订。

(4)出入境检验检疫机构应指定培训合格的技术人员在收获前对果园进行

检查,确保果园按照有害生物控制指南进行了监控。对于管理不善、有害生物发生严重的果园,本季节生产的砂梨不得出口美国。此外,落果不得出口。

(5)出口果园应保留有害生物监测与控制、果实套袋、田间卫生、农事操作等相关记录,在美方专家现场考察时可供查询。

2. 包装厂管理

(1) 来自注册果园套袋完整的砂梨方可进入包装厂包装。砂梨的包装、贮藏和装运过程,应在出入境检验检疫机构监管下进行。

(2) 包装过程中,须经脱袋、挑选、剔除、分级,建议采用高压气枪吹扫,以保证果实尽可能不带昆虫、螨类、烂果及枝、叶、植物残体和土壤。包装好的砂梨应单独存放于冷库中。

(3) 包装厂应建立质量追溯体系,保留包装和贮藏等记录,以便出现问题时可有效溯源。

3. 包装要求

(1)包装材料应是新的,干净卫生,符合有关植物检疫要求。

(2) 每个包装箱上应用英文清晰标明:砂梨、果园号、包装厂名称或注册号。

4. 出口前检验检疫

(1)出入境检验检疫机构按照砂梨总箱数的2%进行抽样,最小取样量不少于1 200个果,并对样品进行全部检验。同时,至少取40个果和检验过程中发现的可疑果,进行剖果检查。

(2) 如检出美方关注的检疫性有害生物,该批货物不得出口美国。同时,应对出现问题的原因进行调查,采取改进措施,并保留相关调查记录。

(3)出入境检验检疫机构按照《出口水果安全风险监控计划》,对出口美国的砂梨实施安全风险监控。

5. 植物检疫证书要求

经检验检疫合格的砂梨,出入境检验检疫机构将出具一份植物检疫证书,并在附加声明栏中注明:“All fruit in this shipment complies with the work plan for the exportation of Sand Pear (*Pyrus pyrifolia*) from the People's Republic of China”(该批水果符合中国砂梨出口工作计划)。同时,还应在植物检疫证书上注明该批货物的原产省份、包装厂名称或注册号。

三、装运要求

（1）砂梨须使用具有防虫条件的集装箱运往美国，装运前应对集装箱进行检查并确保无任何植物残体。同时，在运往美国的过程中需采取安全防护措施。

（2）产自中国北纬33°以南地区的砂梨，运输过程中应在美方认可的集装箱中进行冷处理，技术指标为0.99 ℃或以下持续15天，或者，1.38 ℃或以下持续18天。培训合格的检验检疫人员须对冷处理操作过程进行监管，并出具冷处理报告。

四、进境检验检疫

货物运抵美国入境口岸时，美方将对砂梨实施检验检疫。如发现第五条名单中所列的检疫性有害生物活体，则该批货物作退运、转口、销毁或检疫处理。美方将及时向中方通报，并视情况采取有关检验检疫措施。

附2：中国鲜苹果出口美国植物检验检疫要求（要点）

一、美方关注的检疫性有害生物

1. 丽新须螨
2. 樱桃虎象
3. 欧洲苹虎象
4. 南欧梨虎象
5. 日本苹虎象
6. 橘小实蝇
7. 桃小食心虫
8. 旋纹潜蛾
9. 高粱穗隐斑螟
10. 皮暗斑螟
11. 香梨优斑螟
12. 苹小卷叶蛾
13. 拟后黄卷蛾
14. 葡萄卷叶蛾

15. 李小食心虫
16. 苹小食心虫
17. 桃白小卷蛾
18. 苹果白小食心虫
19. 多齿卷蛾
20. 褐腐病
21. 仁果褐腐病

二、生产地要求

(1)生产地必须执行操作规范中针对生产地所制定的所有植物检验检疫措施。

(2)出口美国的苹果,在直径不超过2cm时,要用双层纸袋对整个苹果进行套袋。在苹果进入包装厂之前,纸袋必须完好无损地套装在苹果上。

(3)中国出入境检验检疫机构在苹果收获前去注册果园检查有无病虫害或者感染迹象。

(4)如果在其中一个注册生产地检测到串珠霉苹果褐腐病菌或者美澳型核果褐腐病菌,美国农业部动植物检疫局可以拒收货物或者禁止进口本生产季该生产地的苹果以示警告。如果经过调查,美国农业部动植物检疫局和中国出入境检验检疫机构一致认为已采取合理的整改措施,该生产地则可以在下个生产季节向美国出口苹果。如果串珠霉苹果褐腐病菌或美澳型核果褐腐病菌在一个省一个以上的生产地检测到,美国农业部动植物检疫局可以禁止美国从这个省进口苹果,直到美国农业部动植物检疫局和中国出入境检验检疫机构经过调查一致认为已采取合理的整改措施。

三、包装厂要求

(1)包装厂必须要在中国出入境检验检疫机构注册,在包装厂用来包装出口美国的苹果期间,包装厂只能接收来自注册产地并按照要求种植的苹果。

(2)对出口美国的苹果,包装厂必须有追溯体系,苹果在进入包装厂时能有效识别,并且可以追溯到苹果的生产地。

(3)包装厂在检验过程中,要按照美国农业部动植物检疫局和中国出入境检验检疫机构共同认可的操作程序进行检验。

(4)在装运前要对苹果进行清洗和打蜡。

(5)苹果要用纸箱箱包装,箱子上要印有生产地和包装厂标识。

(四)运输要求

出口美国的苹果要装在密封的集装箱内,在等候出口时要放在冷藏设施内。

(五)出口前检验检疫

(1)出入境检验检疫机构按照苹果总箱数的2%进行抽样,最小取样量不少于1 200个果,并对样品进行全部检验。

(2) 如检出美方关注的检疫性有害生物,该批货物不得出口美国。同时,应对出现问题的原因进行调查,采取改进措施,并保留相关调查记录。

(3)经检疫合格的货物,要有中国出入境检验检疫机构签发的植物检疫证书,并附加声明该批货物符合要求并且经过出入境检验检疫机构检验未发现检疫病虫害。

(六)北纬33度以南的中国南方苹果附加条件

除上述条件外,北纬33°以南的中国南方苹果必须按照中国实蝇监测指南要求建立实蝇监测系统。出口时必须实施冷处理或按照其他经美国农业部动植物检疫局认可的有效措施进行处理。冷处理可以在离境前或运输途中进行,也可以在美国进行。

附　录

附表 1　出口葡萄果园周年管理历

时期	作业项目	工作内容和要求
1～2 月，休眠期	冬季修剪	继续修剪和清园
3 月，萌芽前	整修架体	将松动下垂的铁丝用紧线器将葡萄架上的铁丝拉紧，并将歪斜的支柱扶正
	修整畦埂	修畦要使畦面平整，并培好畦埂。同时要修好灌水用的沟渠，保持畅通
4 月，萌芽展叶期	上架	将枝蔓尽早上架，在架面上均匀摆布，枝蔓应该斜绑，以减轻极性现象
	灌水追肥	葡萄上架后，在发芽前应灌 1 次透水，基肥少的葡萄园结合灌水，可施入尿素、硫酸铵等氮肥
	中耕	灌水后，应及时中耕保墒
	喷药	当芽的鳞片裂开膨大成绒球状时，喷 3～5 波美度石硫合剂或 50% 多菌灵可湿性粉剂 800～1 000 倍液，铲除越冬的病虫害
	抹芽	展叶初期进行第一次抹芽，抹去老蔓上萌发的隐芽、结果枝基部的弱枝和副芽萌发枝。从地面发出的萌蘖枝除留作更新用的以外，都要除去
5 月，开花坐果期	抹芽除梢	新梢长到 10～20 cm，展叶 5～6 片时，进行第二次抹芽和除梢。应除去生长弱枝、徒长枝、自然封顶枝、部分过密的发育枝。按目标要求大体留好新梢数
	绑梢	新梢长到 40 cm 左右时要把新梢绑到架上，均匀排开，新梢间距离以 10 cm 左右为宜。以后随着新梢的伸长，要及时绑缚
	定枝	结合绑梢进行定枝，调整到预定的留梢数。巨峰旺树容易落花，定枝工作可推迟到落花后进行
	灌水追肥	为了使开花顺利，在花前应灌 1 次水，在灌水前施入复合肥，或腐熟人粪尿等

续表

时期	作业项目	工作内容和要求
5 月，开花坐果期	喷药	开花前喷 1 次波尔多液（硫酸铜 1kg、生石灰 0.5 kg、水 200 ~400 kg），也可用 80% 代森锰锌可湿性粉剂 600 ~ 800 倍液
	结果枝摘心	结果枝需要在花前摘心，一般在开花前 4 ~ 7 天进行
	副梢处理	对副梢一般将果穗以下的从基部除去，果穗以上的副梢留 1 ~ 2 叶摘心，并可留 1 ~ 2 片叶反复摘心
	疏花序	如花序过多，可疏去部分过多的花序，强壮新梢按产量指标留用。较弱枝的双序疏 1 留 1 为宜
	掐穗尖	在花前 3 ~ 5 天掐去花序末端 1/5 ~ 1/4，并剪掉歧肩和副穗
	喷硼	硼肥能促进受精，提高坐果率，可在花前 3 ~ 5 天喷 0.2% ~0.3% 硼砂液
	喷药	落花坐果后，应立即喷 1 次 1∶0.5∶200 波尔多液，防止幼果感染黑痘病
6 月，幼果膨大期	整理果穗	坐果后注意疏去过密粒、小粒和畸形粒
	果实套袋	果穗整理后，即可进行果实套袋。套袋前应喷 1 次杀菌剂
	追肥灌水	落花后 10 天左右，幼果迅速生长期，可施入复合肥，或施入腐熟人粪尿。施肥后灌水中耕
	摘心	对花前摘心保留的副梢应及时摘心，保持 6 月中旬架面通风透光。对发育枝留 12 ~ 15 片叶摘心
	灌水	如果雨水少土壤干燥，应及时灌水
	喷药	套袋后喷 1∶0.5∶200 波尔多液以防治霜霉病、白腐病、褐斑病等，白腐病危害重的葡萄园，15 天后用多菌灵600 ~ 800 倍液，然后隔 10 ~ 15 天后再喷波尔多液等。要视病虫情况灵活用药

续表

时期	作业项目	工作内容和要求
7月,果实膨大期	喷药喷肥	喷药内容和要求与6月相同,在喷药时可加1%酸二氢钾或微量元素肥料,进行叶面喷肥
	摘心	对发育枝、预备枝、所留萌蘖枝都要进行摘心,并对副梢摘心,促进新梢成熟
	追肥	追施磷钾肥,如骨粉、草木灰、硫酸钾等,提高果实品质和促进新梢成熟
8月,果实着色成熟期	排水	进入雨季,地势低洼的葡萄园要注意及时排水
	除草	要及时除草,不使发生草荒加重病虫危害
	摘老叶	为了改善果实透光条件,提高果实着色度,在果实开始着色后,将贴近果穗遮光的老叶摘去一些
	采收	如果市场需要,巨峰、玫瑰香等鲜食葡萄在果实达八成熟时即可采收上市
9月,采收期	果实采收	根据各品种不同成熟期,做到适期采收
	秋施基肥	果实采收以后,于9月中下旬进行秋施基肥。以鸡粪作为基肥最为理想,有机肥为主,适当加入氮、磷、钾肥等。施肥后如土壤干燥,应灌水并及时中耕除草
10月,落叶前	施基肥	应继续完成秋施基肥工作
11月,落叶期	施基肥	同10月施基肥
	灌封冻水	施入基肥后,灌足封冻水
	冬季修剪	落叶后及时开展冬季修剪
12月,休眠期	冬季修剪	继续修剪
	清园	将修剪下的枝蔓和枯枝落叶清理出园

附表2　出口杏果园周年管理历

时期	作业项目	工作内容和要求
1月,休眠期	制订计划、继续冬剪	1. 制订全年工作计划;购买生产工具、农药、化肥等 2. 冬剪。幼树以整形为主,成年树以维持产量为主 3. 涂伤口保护剂。对于直径超过1cm的剪口或锯口应及时涂抹油漆、凡士林等伤口保护剂
2月,休眠期	继续冬剪、继续清园	1. 继续冬剪及涂伤口保护剂的工作 2. 清理果园。及时将剪下的树枝、枯枝、病虫枝和树上或地上的杏核清理出果园 3. 刮成年树翘起的老树皮,以消灭越冬害虫和虫卵。刮下的树皮要带出果园处理
3月,萌芽期	肥水管理	1. 萌芽前仍可进行冬剪、清园工作 2. 萌芽前施1次复合肥,施肥后灌1次透水 3. 新建果园,可在萌芽前进行幼树定植工作
4月,花期、展叶期及新梢生长期	防霜冻、放蜂授粉、病虫害防治	1. 注意收听天气预报,防霜冻 2. 防治球坚蚧、桃仁蜂、蚜虫、杏红点病、杏象甲等病虫害 3. 花期放蜂。如有必要,进行人工辅助授粉 4. 视土壤墒情浇1次水 5. 树液流动、砧木离皮后,可通过嫁接进行品种的改劣换优。2周后检查成活情况,并及时进行除萌、绑支棍等管理工作
5月,果实生长期	土肥水管理、病虫害防治	1. 硬核期时灌1次透水,及时松土 2. 中耕除草,防治杏疔病等病虫害
6月,果实成熟期、花芽分化期	适时采收、施肥、中耕、夏剪	1. 适时采收成熟果实 2. 追施以氮肥为主的肥料,促进花芽生理分化。施肥后适当灌水,及时松土 3. 中耕除草,防治红颈天牛等病虫害 4. 夏季修剪

续表

时期	作业项目	工作内容和要求
7月，果实成熟期、花芽分化期	施肥、中耕、继续夏剪	1. 适时采收成熟果实 2. 追施以钾肥为主的肥料，促进花芽形态分化。施肥后视土壤墒情适时、适量灌水，及时松土 3. 继续夏剪
8～10月，新梢成熟及养分回流期	继续夏剪、病虫害防治、施基肥	1. 继续夏剪，调节树势，促进树体生殖生长 2. 注意雨季排水 3. 采收后，喷布1∶0.5∶200波尔多液，防治杏红点病、红颈天牛等病虫害 4. 9～10月施有机肥为主的基肥
11月，落叶期	防寒、清园	1. 11月中旬灌冻水、幼树防寒 2. 及时清理落叶、病虫果 3. 准备冬剪
12月，休眠期	开始冬剪、总结	1. 冬剪 2. 刮老树皮，消灭越冬害虫和虫卵 3. 全年工作总结